品读大师的哲思智慧
顿悟生命的本源真相

中国财富出版社

图书在版编目(CIP)数据

季羡林的16堂智慧课 / 张笑恒著.—北京：中国财富出版社，2015.8(2021.6重印)

ISBN 978-7-5047-5771-5

Ⅰ.①季… Ⅱ.①张… Ⅲ.①人生哲学-通俗读物 Ⅳ.①B821-49

中国版本图书馆CIP数据核字(2015)第142003号

策划编辑 张 静 **责任编辑** 张 静
责任印制 梁 凡 郭紫楠 **责任校对** 杨小静 **责任发行** 杨恩磊

出版发行 中国财富出版社
社 址 北京市丰台区南四环西路188号5区20楼 **邮政编码** 100070
电 话 010-52227588转2098(发行部) 010-52227588转321(总编室)
010-52227588转100(读者服务部) 010-52227588转305(质检部)
网 址 http://www.cfpress.com.cn
经 销 新华书店
印 刷 三河市天润建兴印务有限公司
书 号 ISBN 978-7-5047-5771-5/B·0446
开 本 710mm×1000mm 1/16 **版 次** 2015年8月第1版
印 张 16.5 **印 次** 2021年6月第2次印刷
字 数 230千字 **定 价** 49.80元

回顾季羡林平实的一生。

他出身白屋寒门，缺衣少食。无钱买盐，便把盐碱地上的土扫起来，在锅里煮盐水，一年到头，就吃这种盐水腌制的咸菜。平日里吃的是红高粱面饼子，偶尔吃次白面馒头，仿佛龙胆凤髓一般。

从清华大学毕业后不久，季羡林赴德留学。一介穷书生留德十年间，除时间和书籍，无他。孤独寂静中，以阅读梵文、巴利文和吐火罗文等书籍为伴。

回国后不久遭受十年噩梦：被开会、被"打倒"、被批斗、被痛打、被关进牛棚。后来，作为一个"不可接触者"，他枯坐门房中，闲得发慌，挖空心思，想找点事干，最后想出了一个好主意，便是翻译印度两大史诗之一的《罗摩衍那》。

随后，季羡林文学成就硕果累累。学术类：《〈大事〉偈颂中限定动词的变位》《原始佛教的语言问题》《〈福力太子因缘经〉的吐火罗语本的诸异本》《印度古代语言论集》等；译作类：《沙恭达罗》《优哩婆湿》《罗摩衍那》《安娜·西格斯短篇小说集》等；散文传记类：《朗润集》《季羡林散文集》《牛棚杂忆》《阅世心语》等。

2009年7月11日9时，季羡林在北京301医院驾鹤归西。生前好友唐师曾写道："惊悉恩师往生，老鸭心比冰寒。"遗像之下，摆放着胡锦涛、江泽民、温家宝等党和国家领导人敬献的鲜花。

季羡林学贯中西、享誉中外，被奉为"国学大师""学界泰斗""国宝"，而他力辞三顶"桂冠"。他说："我对哪一部古典，哪一个作家都没有下过死工夫，因为我从来没想成为一个国学家。除了尚能背诵几百首诗词和几十篇古文外；除了尚能在最大的宏观上谈一些与国学有关的自谓是大而有当的问题比如天人合一外，自己的国学知识并没有增加。”人们敬仰季羡林的学识，更敬重其难得的谦虚勤恳。

与季羡林并列“未名湖畔三雅士”之一的张中行先生，曾经评价他：“有三种难能：一是学问精深，二是为人朴厚，三是有深情。”看似朴素的话语，却是对“国宝”的最高赞誉。

季羡林一生严谨、求知。家穷时也好，家富时也罢，均在凿开知识大山的路上，孜孜不倦。学者的敏锐让他看透了朝闻夕死的悲哀，却从不放弃求学为学，传承薪火，用毕生的精力为后人凿山取玉。他在佛学、历史学、古文字学等方面所取得的成就，足以令后人飨食一生。

季羡林平实自然，君子谦谦。在跌宕起伏的人生道路上，尝尽世态炎凉、离合悲欢。辨得清成败是非、功过对错，但又不较真，长者的善良和宽容让他总是平心静气地对待生命中的不如意。一块璞玉，并没有在表面精雕细琢，不做作，不徒有虚名，他以本色示人，但仍熠熠生辉。

季羡林并非视钱财如粪土，但其淡泊名利，世人皆知。对待世人逐利，他总能看得破，忍得了，放得下。智者的德慧造就他恬淡闲适的情怀，足以给在名利中奔波忙碌的人上一堂重要的心灵课。

目录
CONTENTS

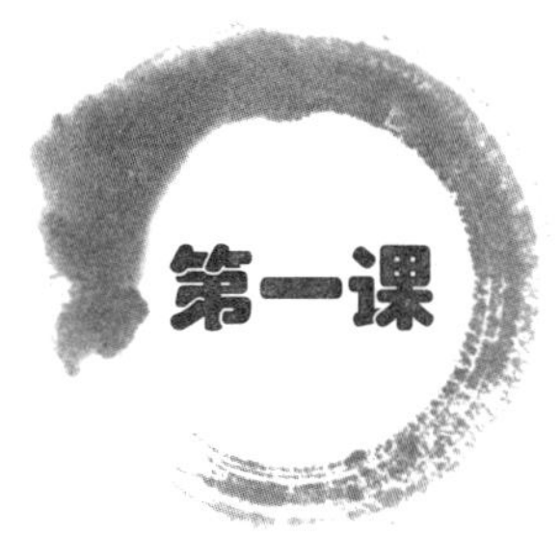

第一课

宽恕一切，没什么不可原谅

1.不要太在意别人的诋毁

在季羡林先生95岁高龄的时候，由于被社会授予“国学大师”的称号，而被一些人在博客里谩骂，其语言和态度颇有“文化大革命”时期造反派的遗风。但对于一个世纪老人来说，这根本算不上什么，因为也有比这更为严重和恶毒的被攻击经历。

在《牛棚杂忆》中，季羡林描述了自己所遭受的非人待遇，批斗、辱骂、殴打，但是“文化大革命”过后，他却释然了，宽容和谅解了“文化大革命”中痛打和折磨过自己的人，不记仇，不报复，而且自我反思道：一动报复之念，我立即想到，在当时那种情况下，那种气氛中，每个人，不管他是哪一个山头，哪一个派别，都像喝了迷魂汤一样，异化为非人……我自己在被打得“一佛出世，二佛升天”的时候还虔信“文化大革命”的正确性，我焉敢苛求于别人呢？打人者和被打者，同是被害者，只是所处的地位不同而已。

正是这个原因，季羡林先生多年之后对那些记忆犹新的“抄家者”“整人者”和“批斗者”,几乎都给予了极大的宽容,有的后来甚至还长期一同共事。

季羡林在介绍《牛棚杂忆》时写道:“这一本小书是用血换来的,是和着泪写成的。它带去的不是仇恨和报复,而是一面镜子,从中可以照见恶和善、丑和美,照见绝望和希望。它带去的是对我们伟大祖国和人民的一片赤诚。”

古人说:“事修而谤兴,德高而毁来。”生活中,越是事业有成、德高望重的人越容易遭遇毁谤。可能你据理力争,一心要理论清楚,还自己清白。殊不知,毁谤必是小人所为,同小人怎能够理论得清楚呢?遭人毁谤便不必太过认真,不辩白,不理会,更不因为一时的不愤而影响了长远的追求。

鲁迅先生的一生都是在层出不穷的流言、诬陷、诽谤中度过的。

1927年,蒋介石集团发动“四一二事变”,屠杀共产党人和革命群众。鲁迅在中山大学因援救被捕学生不果和顾颉刚要来任教等原因愤而辞职。不久就传出谣言,鲁迅出逃了。

1931年,作家柔石等被捕,接着报上刊发“鲁迅被捕”的谣言,或罗列罪状,或叙述地址,等等,蓄意通过谣言,唆使军政当局加紧迫害鲁迅。

“九一八事变”后,中国人民爱国情绪日益高涨,抗日救国运动成为社会主潮。造谣者把卖国的罪名强加在鲁迅头上,说其替日本人做侦探,为军政当局迫害鲁迅制造口实。

在抗日救亡的爱国潮流中,左翼文化队伍里又传播着攻击鲁迅的流言。一次举办作家协会,以国防文学为口号,鲁迅有前车之鉴,不同意参加。随之则传出谣言,说鲁迅破坏国家大计,并在集会上宣布鲁迅的罪状。

其间,名目繁多的流言或分别使用,或整体使用,或组合使用,或轮流使用,或隔三岔五地使用,或改头换面地使用,鲁迅都坚持鄙视,不理不睬。他说,流言本是畜类的武器,鬼蜮的手段,实在应该不信它。鲁迅从不写辩正信,倘使一一注意,正中其计。

郁达夫写诗评价鲁迅:“群盲竭尽蚍蜉力,不废江河万古流。”意思是说,谣言不过是蚍蜉撼树,不必在意,影响不了万古芳名。

别人的诋毁、恶意的流言最后伤了谁?谁在意,伤谁。

世间美丽的爱情,曾经矢志不渝,家人激烈反对也要去爱,没车没房也要去相守,哪怕流浪街头也要大手牵小手。当初爱得是多么艰难,为何后来却越来越淡,爱到最后不是输给距离和时间,是输给了太在意的流言。宁愿相信添油加醋、传出无数个版本流言的旁观者,也不愿选择再相信曾经爱着的对方一次。于是分手了,解脱了,十年后相见,话说开了,后悔了,不过也晚了。

伟大的事业,能够做成的人很少,总会出现一些人出来诋毁,并四处散播你的蓝图就是乌托邦。何况坚持的道路上总是有各种各样的阻碍,于是,别人的几句风言风语,说多了就钻进耳朵,留在了心里。熟悉的人开始怀疑,然后是算计、内斗,结果财没落着,人已散尽。传谣言的人则偷着乐,觉得自己计谋修炼得又高了一层。

一个年轻人千里迢迢来到普寿寺问禅师:“我从来不传流言蜚语,不惹是非,但不知为何,总有恶言诽谤我,蜚语诋毁我,求禅师指点。”

禅师微微一笑,带年轻人走到禅寺中一条穿寺而过的小溪边,顺手从菩提树上摘下一枚菩提树叶,又吩咐小和尚取来一桶一瓢。年轻人不解。

禅师手拈菩提树叶丢进桶中。

禅师从溪里舀起一瓢水,“哗”的一声将那瓢水兜头浇到桶中的树叶上,树叶在桶中激烈地荡了又荡,然后便漂在了水面上。

禅师又舀起一瓢水,兜头浇到桶中的树叶上,但树叶晃了晃,还是漂在了桶中的水面上。

禅师舀起一瓢瓢的水浇到树叶上，桶里的水不知不觉就满了，那枚菩提树叶也终于浮到了桶面上，翠绿的叶子像一叶小舟，在水面上轻轻地荡漾着，晃动着。

禅师望着树叶感叹地说："再有一些水就更妙了。"禅师笑了笑，又舀起两瓢水浇到桶中的树叶上，桶水四溢，把那片叶也溢了出来，漂到桶下的溪流里，树叶就随着溪水悠悠地漂走了。

禅师说："流言好比水，陷阱好比深木桶。容得下水，才能借水的力量冲出深木桶。"

年轻人大悟。

心理学家认为，诋毁别人的人大致可分为三种：一是无法控制自己的言语和习惯，所谓的"刀子嘴、豆腐心"，本身没有恶意，只是我们有时听着觉得有恶意；二是有些人没有自信，嫉妒别人，若不在背后说你的坏话，就不能显示出他比你高明，不能衬托出他的优越；三是利益冲突，从中挑拨，渔翁得利。

分析以上种种，如果选择不在意，并没有什么损失。如果在意了，倘若是第三种可能，那只能让自己当炮灰，别人渔翁得利了。古人对待第三种诋毁，淡然处之。寒山子问拾得："世间有人谤我、欺我、辱我、笑我、轻我、贱我，我当如何处之？"拾得曰："只要忍他、让他、由他、避他、不要理他，再过几年，你且看他。"

2.看淡生活中的不平事

在动荡年代，季羡林对加诸自己头上的不公平待遇保持沉默。到了晚年，当历史的教训逐渐为人们所遗忘，他勇敢地站了出来，愤然写出《牛棚杂忆》，对那段历史进行了深刻反思，以求给予世人警醒。

季羡林先生说："走运时，要想到倒霉，不要得意得过了头；倒霉时，要想到走运，不必垂头丧气。心态始终保持平衡，情绪始终保持稳定，此亦长寿之道。"

世界上从来就没有绝对公平的理想国，只有幻想公平的乌托邦。"大事聪明的人，小事必糊涂；大事懵懂的人，小事必伺察。"不公平的事情只是生活中的一部分，而不是全部。宽恕一切不公平，淡然处之，才是正道。

佛祖闲来无事，化为道骨仙风的老者在桥边垂钓，突然有一年轻人要跳河。

佛祖说："现在鱼儿正在咬鱼钩，你迟一会再跳。"年轻人同意了。鱼迟迟没有咬住鱼钩，佛祖就与年轻人聊了起来。

佛祖："水里的水草已经够鱼儿吃的了，你为何还要以身喂鱼？"

年轻人："有个女孩，我很爱她，不过她离开了我。"

佛祖："你希望她幸福吗？"

年轻人："是的。"

佛祖："她离开你会幸福吗？"

年轻人："不会！她曾跟我说，只有跟我一起的时候才幸福！"

佛祖："那是曾经。"

年轻人:“这就是说,她一直在骗我?”

佛祖:“她一直对你很忠诚。她爱你时,和你在一起。现在她不爱你,就离去了,世上再没有比这更大的忠诚。如果她不再爱你,还跟你结婚、生子,才是真正的欺骗。”

年轻人:“那我为她投入的感情不就白白浪费了吗?”

佛祖:“不,在你给她快乐的时候,她也给了你快乐。”

年轻人:“她现在不爱我了,我却还苦苦地爱着她,这不公平啊!”

佛祖:“的确不公平,我是说你对所爱的那个人不公平。本来,爱她是你的权利,但爱不爱你,则是她的权利,这是何等地不公平!”

年轻人:“可是我在为她痛苦。”

佛祖:“为她而痛苦?她的日子可能过得很好,不如说是你为自己而痛苦吧。明明是为自己,却还打着为别人的旗号。”

年轻人:“这么说,一切倒成了我的错?”

佛祖:“是的,从一开始你就错了。如果你能给她幸福,她是不会离开的。要知道,没有人会逃避幸福。”

年轻人叩谢而去。这时鱼也咬上了钩。

人生来就有很多的不公平,出生背景不同、家庭关系不同、受教育的程度不同……不公平是绝对的,公平是相对的。

生活不总是尽如人意,每天都有人遭遇不公平的待遇,小则被上司批评、被扣奖金、被朋友欺骗,重则疾病、车祸、痛失亲人,如果躺在原地自怨自艾,伤口也许永远不会愈合。面对不公,不生气、不抱怨、努力积极地去改变,你将会得到另外一个公平的答案。正如比尔·盖茨所说:“生活是不公平的,你要去适应它。”

他是一名警察。当嫌疑人拨打电话时,他能根据拨打不同号码的声音差异,分辨出嫌疑人拨打的电话号码;在监听恐怖嫌疑人打电话时,他通过房屋墙壁的回声，就可以推断出嫌疑人此时是身处机场大厅，还是在呼啸的列车上……

他曾参与追捕一名毒品走私犯，但狡猾的毒贩在打电话时故意操一口摩洛哥口音，他听了录播的电话录音后推断说，嫌疑人应该是来自阿尔巴尼亚。果然，毒贩在那里被逮捕。

他从警的时间不长，但利用听力的优势，屡立奇功，被称为“超级英雄”。

但谁也不会想到，他手里握着的不是手枪，而是一根盲人手杖。他叫夏查·范洛，一名盲人探员。

因为双目失明，范洛从小就不得不努力倾听周围的一切声响，以辨别自己到底身处何方，躲避身边的危险。他恨上天的不公平，他变得自闭，自暴自弃。

有一天，他撞上了一辆响着铃的自行车。

骑自行车的是个与他年龄相仿的女孩，她被他撞倒后很生气，冲着戴着墨镜的他大声质问：“你为什么要故意撞倒我，看不见吗？”他当时身上撞得也很痛，就激愤地说：“是，我是个瞎子，怎么样？”

“铃按得那么响，不会用耳朵听吗？”女孩丢下这句话，扶起自行车愤怒地离开了。他愣在那里。

从此，范洛开始锻炼自己的听力，用各种声音来训练自己的听力。他不知吃过多少苦，流过多少汗，受过多少伤，十几年的艰苦练习，让他练就了天下无双的敏锐听力，直到自己进入警队，成为警界里“失明的福尔摩斯”。

生活可以不公平，但看淡了才能看到公平。

人们的心理常常感受到伤害的原因之一，就是觉得每件事儿都应该公平。其实，世界上根本就没有绝对的公平，所以我们不要事事都拿着一把公平的尺子去衡量，否则就是自己和自己过不去。

曾经有人将生活比作一面镜子，如果你对它哭，那么它也会对你哭；如果你对它笑，那么它也会对你笑；如果你对它抱怨，那么它也会对你抱怨；如果你恼羞成怒地将它摔碎，那么它也会折射出无数张怒气冲冲的脸给你。

谁也不会一辈子好命，即使是那些在我们眼中一直“走运”的人，难免也会遇到挫折，经历狂风暴雨的洗礼。当你觉得自己倒霉透顶的时候，有些人可能比你更倒霉，只不过人家选择了勇敢面对，通过顽强拼搏，迎来柳暗花明的结果，而不是无休止地抱怨。

3.做到真、忍，家庭和睦

季羡林说：“对待一切善良的人，不管是家属，还是朋友，都应该有一个两字箴言：一曰真，二曰忍。真者，以真情实意相待，不允许弄虚作假；对待坏人，则另当别论。忍者，相互容忍也。”

“荫苍金山松不老，杉树参天庇后人。”这是一位精神矍铄的老人在宗谱上书写的楹联。老人今年103岁，五世同堂，老少四十多口，相处十分和睦。当有人问及他们和睦的秘诀时，答曰“真、忍”。种假则害田，心假如隔山；物近易碰撞，能恕如洞天。真性情对人，求大同存小异，才是解决家庭关系不良之症的灵丹妙药。

他大她五岁，她又黑又矮。为了完成母亲遗愿，他不得已娶了她。

新婚那天，他跑到母亲的墓碑前，哭了一个下午。有人送饭，他转头，看见一张难看的脸，便喝令她离开。

婚后，他总是挑她的刺儿，嫌她做的菜难吃，嫌她做事太慢，而他说这些时，往往是坐在沙发上喝着茶，悠闲地看着电视。她则是系着围裙，笑嘻嘻地说改，一边还不忘记忙碌。

开始时他只是喝醉酒打她，后来心里不顺也打。累了，他就跑到外面去找女人。而她总是逆来顺受，她相信，总有一天，他的心能容纳自己。

她摆了一个擦皮鞋的摊位，但生意不是太好。为此，她又去买了很多鞋底，不分昼夜地绣着。她说："多赚点钱好养家。"

赚了钱，她买了一套西装，给他换上，说："穿这件出去吧，好看。"他不想欠她太多，在经过一家商场时，他看中了一条项链，正在打折，打算买来送她。

但那个晚上，他又喝了很多酒，在回来的时候，出了意外，从楼梯上掉了下去，摔断了腿。等她找到他的时候，他已经不省人事。

她焦急地大叫，却没有人出来帮忙。看着昏迷不醒的他，咬着牙用瘦弱的肩膀驮着他，一步一步走到了附近的医院。

接下来，他在医院治疗了大半个月。而她，在医院照顾了他大半个月。临床的病友对他说："真羡慕你，有这么疼你的老婆！"

听过病友的话，他细细看她，发现她平凡的脸颊上竟然有红红的光晕。

出院后，他还需要休养。她不让他做一点活计，害怕累着他。在可以行动的第二天，他在拐杖的支撑下走到商场给她买了那条项链。

一年后，他们有了自己的孩子，男人带着女人和孩子去给母亲上坟。男人在母亲的坟前磕头："妈，我把媳妇给您带过来了，您放心，今后，我一定会好好对她。"

女人在婆婆的坟前狠狠磕了几个头，说："妈，我会把家，把丈夫、孩子照顾好，您就放心吧！"

一位哲人说："结婚前要睁大你的双眼，结婚后不妨闭上一只眼睛。"

爱的最高境界是习惯。当你习惯了一个人生活中的习惯,你就真的爱上他了。一个女人习惯了一个男人的鼾声,从不适应到习惯再到没有他的鼾声就睡不着觉,这就是爱;一个男人习惯了一个女人的任性、撒娇,甚至无理取闹,这就是爱;一个人会为了另一个人去改变、去迁就,这就是爱。对爱人迁就多少就爱了多少。

夫妻双方要容忍对方,适应对方。有人说:婚姻如鞋,适不适合只有自己知道。但刚穿上不久的新鞋往往会磨脚,只有脚和鞋慢慢磨合一段时间后,穿起来才逐渐舒适。婚姻也一样,需要一段磨合期,去调整、去改变,才能培养出更多的默契。

说离婚的时候他一点表情也没有,说完便出了家门,只剩下她对着门发呆。她知道他外面还有一个人,她做好了忍耐的决定却没有做好离婚的准备。

第二天早上六点,她发了短信给他:同意离婚,但有一个条件,每天必须回家吃晚饭,出门之前要拥抱一下。

他想:吃就吃,为了早日摆脱这无爱的婚姻,吃一顿晚餐算什么。

一碗稀饭,几份小菜。女儿显然不欢迎他回来,只吃了一点便回屋了,甚至没有叫一声“爸爸”。他感到有点心凉,这场失败的婚姻受伤最大的是女儿吧。他只吃了一碗便要离开,她也起身,在门口等他。他应付地给了她一个拥抱,然后完成任务似的离开了。

第四天,女儿没有早早离开,吃完后还轻轻说了声“慢点吃”。说实在的,他发现这几天的粥每天都不同,但都是清淡可口的。要离开时,他给了她一个感谢的拥抱。

第十天,女儿吃饭的时候讲了学校的事,他发现女儿长大了,上初中了,是个大姑娘了。他没有急急地离开,在客厅里坐了坐,喝了杯茶,是他以前喜欢的,只是很久没有喝了。出门的时候,他在门口停下了,等她走过来给了她一个拥抱。他觉得她有点瘦了。

第三十天，他发现了晚饭每天都不会剩下的原因：他跟女儿吃得多的时候，她就会吃得很少，反之，她会把剩下的全吃了。这次，他把她抱在怀里，抱得有点紧，怀里的这个女人为了他付出了全部最美好的时光，现在，却什么也没剩下。那一天，他没走，次日，离婚协议被他扔进了纸篓。

婚姻不仅意味着丈夫妻子的互相迁就，而且意味着理想与现实的相互妥协，家是讲情的地方，不是讲理的地方。幸福的家庭是用真心经营出来的，爱情之花需要用心去浇灌、去滋润，而不是单纯地任由其自生自灭。

叫声老婆很容易，叫声太太也不难，但是叫声老太婆，却需要一生的承诺！贝聿铭在谈到“婚姻保鲜的秘诀”时说：“从恋爱到婚姻，是一个从雅到俗、从精神到肉体、从量变到质变的渐进过程。恋爱时是心心相印，结婚后则是骨肉相连；恋爱时是一见钟情，结婚后则是日久生情。几十年的婚姻只有真心相待，互相包容才能牢牢维系。夫妻过日子就要像中国的筷子一样，一是要惺惺相惜，谁也离不开谁；二是能同甘共苦，什么酸甜苦辣都能在一起品尝，这样的婚姻才能天长地久。”

人的一生，最大的成功，莫过于婚姻的成功；最有价值的宽容，莫过于夫妻间的宽容；最有成效的忍让，是夫妻间的忍让；最幸福的牵手，是夫妻间同甘共苦不离不弃。

4.原谅人趋吉避凶的本能

季羡林说:“任何一个人,包括我自己在内,以及任何一个生物,从本能上来看,总是趋吉避凶的。因此,我没怪罪任何人,包括打过我的人。”

“何谓天性,曰:趋利避害也。”人总是要生存发展的。要生存发展,就必须与周围的人进行交换,无论是通过付出工作时间而获得佣金,还是付出金钱用以改善居住条件。但是在交换过程中难免会出现以一当十,以十当一的情况。不过对于此,是应该给予原谅的,因为这是天性。

对于人的这种天性,《菜根谭》说:“人情重复,世路曲折。行不去处,须知退一步之法;行得去处,务加让三分之功。”意思是,人间世情重复无常,人生之路坎坷不平。在人生之路走不通的处所,要知道让步的道理;在走得过去的处所,也一定要给予人家三分方便。

一个和尚外出化缘,路过一个集市,突然看到两个人在争吵,于是和尚迎了上去。

原来是一个买布的人和卖布的人在吵架。买布人说:“三八二十三,你为何收我二十四钱?”

和尚上前劝架,说买布人错了。买布人不服,拉和尚去找方丈评理,并说如果他错了就把脑袋输给和尚,和尚输了就得把帽子给他。

方丈对和尚说:“哎,三八就是二十三啊!”那人得意地把和尚的帽子拿走了。

和尚不解,方丈说:“说你错,只输一顶帽子!说他错,那可是一条人命啊!”

耶鲁大学生态学及进化生物学教授斯凯利和同事一起做了一个趋避反应实验。

他们在实验中发现，牛蛙蝌蚪能够凭感应水中的化学物质，察觉其他同类感染的一种专门寄生在消化道中的真菌。健康的蝌蚪一旦发现同胞中有感染真菌者，便立即游至患病同类三十厘米以外的地方，以免自己同遭厄运。

斯凯利说，人类知道某些被猎动物在嗅到大敌临近时，会改变自身的颜色甚至形态，对动物界本身而言，对疾病做出趋避反应也是非常相似的本能。

人作为“万物之灵”，同样是趋利避害的。就像人饿了就要吃饭，渴了就要喝水，困了就要睡觉一样。韩非子说：造车人造好了车，希望人富贵；木匠造好了棺材，希望人早死。这些并非表明造车人仁义而木匠狠毒，因为人不尊贵，车就卖不出去；人不死，棺材就卖不出去，不是木匠憎恶谁，而是他的利益不同。

美国一位心理学家在一个海滨游泳场中做了一个实验：故意安排不同的人假装溺水，看有多少人能救助他们。在长达几年的观察中，他发现了一个耐人寻味的现象：当妙龄女子溺水时，累计有80人进行了救助，当孩子溺水时，有46人进行了救助，当老人溺水时，救助人员的数字下降到了32人。问及那些救妙龄女子的人为什么会做这个选择时，他们毫不掩饰自己的观点：救助她，她可能成为自己的另一半，而救老人或孩子什么也得不到。

人之所以为人，在于他们有选择趋利的能力，不论是选择好的或坏的东西，要点在人可以自行选择。

对于别人的过错，我们是原谅还是采取惩罚措施呢？

惩罚朋友会丧失朋友，惩罚客户会丧失合作的机会。与其这样不如我们也趋利避害：原谅他们。

那怎么证明我们已原谅别人了呢？

对此有个简单的测试方法。如果我告诉你有关某人的好消息，而这个人曾伤害过你，你会不会在听到这个消息后心里发“酸”？如果是的话，就表明你所谓的原谅只不过是在欺骗自己而已，你并没有真正地宽恕他。也预示着你心中的怨恨还在，还起着破坏作用。

5.宽容和大爱才能消弭一切仇恨

季羡林的一生，起起伏伏，历经波折，尝遍了人间的种种滋味。遇到“文革”时期曾经批斗、迫害自己的人，总是相逢一笑泯恩仇。大师之所以成为大师，首先是因为他拥有能爱人、能恕人的胸怀，其次才是他的学识。

有一天，季羡林正和一个老朋友在街上散步，忽然有一个中年人快步走到季羡林面前，恭恭敬敬地鞠躬问候。季羡林连忙答礼，谦虚温和地问候了对方。两个人聊了几句之后，中年人说还有急事，于是便匆匆告辞。

望着中年人渐渐远去的背影，季羡林的老朋友凝神思索了很久。忽然，老朋友猛地一拍额头，转头问道：“他是不是当年伤害过你的那个人？”季羡林微笑着点了点头。原来，当年季羡林遭遇到人生低谷的时候，这个中年人曾经落井下石，当面让季羡林难堪过。由于当时在场的人很多，而且事情的影响非常大，所以多年之后季羡林的老朋友还能记得。

老朋友有些愤愤地问季羡林，对这样伤害过他的人为什么不报复，反而还客客气气地和对方打招呼。季羡林微笑地看着老朋友，缓缓地说道："报复永远战胜不了仇恨，只有宽容和大爱才能消弭一切仇恨。我放弃了对他的报复，既是给犯错的人一个改正的机会，又扫除了自己心中怨恨的种子，双赢的结果，何乐而不为？"

季羡林的洒脱和大度，让老朋友感慨良久。

禅师说："人生必须宽容三次：必须原谅你自己，因为你不可能完美无缺；必须原谅你的朋友，因为越是亲密的朋友越能无意间深深中伤你；必须原谅你的敌人，因为你的愤怒之火只会影响自己和家人。"

很多人生活中总感觉压力重重，苛刻地要求自己，不知变通，其实是少了宽容。对自己要求高是好事，但如果太苛刻，就会变得顽固不懂变通，或者是遇到问题妄自菲薄。其实每个人都有不足之处，正是这些不足才需要我们去改进、去进步。

朋友虽亲密无间，但也许因一次无心之举而中伤了你。人海茫茫中能够相遇相知，一起走过那么多难忘岁月，一起经历过那些难忘回忆的人会有几个呢？当回想起当年曾温暖自己的记忆至今都觉得感动的情节，还真的因对方的一次失误而从此成为陌路人吗？静下来想一想，这种"伤害"也许指出了自己的不足，鞭策自己前行。

原谅敌人，是解脱自己的心灵。憎恨是给自己的心上了一把枷锁，每日被仇恨所包围而忽略了一切身边的美好，值得吗？他不会因你的诅咒和谩骂而觉得疼痛，也不会因你的不理睬而影响他的生活，平静下来，才发现生活因为仇恨而搞得一团糟。除了仇恨，这些年生活几乎是静止的。这样的人生难道有价值吗？原谅敌人，心就静了下来，不再惶惶不安、筋疲力尽。

小沙弥去担水，回来的路上被蛇咬了。

回寺院处理好伤口之后，小沙弥找到一根长长的竹竿，准备去打蛇。慧清法师见状，过来询问。小沙弥把事情对慧清法师讲了，法师问事发地点在哪里，小沙弥说在寺院北坡的草地。

慧清法师又问道："你的伤口还疼吗？"小沙弥说不疼了。

"既然不疼了，为什么还要去打蛇？"

"因为我恨它！"

"它咬疼了你，你就恨它，那你踩疼了它，它也恨你，也该咬你。你们双方因恨结怨，可你是人，你该早些放下心头的仇恨。"

小沙弥一脸的不服："可我不是圣人，做不到心中无恨。"

慧清法师微微笑道："圣人不是没有仇恨，而是善于化解仇恨。"

小沙弥抢白说："难道说我把被蛇咬当作被松果打中脑袋，我就成了圣人？"

慧清法师摇摇头："圣人不仅懂得化解自己的仇恨，更善于化解对手的仇恨。"

小沙弥怔住了，呆呆地望着慧清法师。

慧清法师说："世人对待仇恨有三种做法。第一种是记仇，在心里搁了一块土坷垃，自己总是生活在恨意带来的痛苦中；第二种是忘掉仇恨，还自己平和与快乐，等于把土坷垃弄碎，在上面种了花；第三种是主动与仇人和解，解开对方的心结，等于是把花朵赠给对方。能做到第三种，就与圣人的境界不远了。"

小沙弥点点头。

不久，北坡草地上出现了一条高于地面的窄窄的石板路，那是小沙弥修建的，之后这里再也没有发生过蛇伤人的事情。

仇恨不是天生的，而是自己养成的。遭遇伤害，就耿耿于怀，甚至睚眦必报，结果必定是两败俱伤。不如理性处理自己的情感，试着去宽恕对方。

有一种大爱叫宽容。我们都爱自己的亲人，这是人的基本感情。而当我们把爱升华到爱自己的仇人，则是一种大境界。没有超越小我狭隘意识的宽大心胸，很难做到这一点。彻底消灭敌人的最好方法，就是用宽容和大爱把他们变成朋友。而当我们放下仇恨的包袱，选择宽恕，心灵也会获得自由。

6.容忍是最大的美德

季羡林说："现在我们中国人的容忍水平，看了真让人气短。在公共汽车上，挤挤碰碰是常见的现象。如果碰了或者踩了别人，连忙说一声'对不起'就能够化干戈为玉帛，然而有不少人连'对不起'都不会说了。于是就相吵相骂，甚至于扭打，甚至打得头破血流。我们这个伟大的民族怎么竟变成了这个样子！我在自己心中暗暗祝愿：容忍兮，归来！"

这世上，没有什么歧途不可以回头，没有什么错误不可以改正。对别人多一分容忍，少一分苛刻，就会避免许多人间悲剧的发生。

南非总统曼德拉在哈佛有相当一部分拥戴者。他因致力于南非反种族隔离运动而遭逮捕，在荒凉的大西洋罗宾岛度过了将近27年监禁生活。当时曼德拉年事已高，但牢房看守依然像虐待年轻犯人一样对他。

曼德拉被关在总集中营一个"铁皮房"里，白天打石头，将采石场的大石块碎成石料。他有时还要下到冰冷的海水里捞海带，或干采石灰的活儿，早晨排队到采石场，然后被解开脚镣，在一个很大的石灰石场里，用尖镐和铁锹挖石灰石。因为曼德拉是要犯，看管他的看守就有3个人。他们对他并不友好，总是寻找各种理由虐待他。

然而，曼德拉出狱当选南非总统以后，在就职典礼上的一个举动震惊了世界，被人们尊称为“神迹”。

总统就职仪式开始后，曼德拉起身致辞，欢迎来宾。他依次介绍了来自世界各国的政要，然后他说，能接待这么多尊贵的客人，他深感荣幸，但他最高兴的是，当初在罗宾岛监狱看守他的3名狱警也能到场。随即他邀请他们起身，并把他们介绍给大家。

后来，曼德拉向朋友们解释说，自己年轻时性子很急，脾气暴躁，正是狱中生活使他学会了控制情绪，因此才活了下来。牢狱岁月给了他时间与激励，也使他学会了如何处理自己遭遇的痛苦。他说，感恩与宽容常常源自痛苦与磨难，必须通过极强的毅力来训练。

获释当天，他的心情平静：“当我迈过通往自由的监狱大门时，我已经清楚，自己若不能把悲痛与怨恨留在身后，那么我仍在狱中。”

包容别人的错误，并不是姑息别人的错误，也不是一个人软弱的表现。包容是一种理解、一种涵养，而不是简单的宽容加饶恕。

有一次，一个女士骑车撞到了丘吉尔的车。这位女士恶人先告状地破口大骂：“骑车不长眼睛吗？”丘吉尔不断地向对方道歉，这位女士的气立刻消了一半，再仔细一看，他竟然是伟大的首相，顿时羞愧难当。

如果太过计较，不能容忍，只能火上浇油。

有位高傲的富婆，在一家非常昂贵的餐厅里，一直抱怨这样不对，那样不好。侍者耐着性子赔不是，但这位富婆的气焰反而越发嚣张，随即指着一道菜对侍者说："你说，这叫作食物？我看连猪都不会吃！"侍者终于按捺不住，对这位富婆说："太太，真的是这样吗？那么，我去替你弄点猪吃的来。"

有位智者说："几分容忍，几分度量，终必能化干戈为玉帛。"

白隐禅师修行高深，声名远扬，深受百姓的敬仰与称颂。

白隐禅师所在的寺院附近住着一户人家，家里有一个非常漂亮的女儿。忽然有一天，夫妻二人发现女儿的肚子大了起来，这使他们非常生气，好端端的一个黄花闺女，竟做出这种见不得人的事。起初，她不肯说出那个男人是谁，后来，在父母的威逼下，她终于说出了禅师的名字。

女孩的父母迫不及待，气势汹汹地找到白隐，狠狠地将白隐痛骂了一顿。可是，白隐并没有生气，只是若无其事地说道："就是这样吗？"

等孩子出生后，她的父母就将孩子送给了白隐。这件事给他造成了很坏的影响，几乎使他声名扫地，但他并没有因此放弃孩子，而是非常细心地照顾孩子，四处乞求婴儿所需要的奶水和其他用品，在遭到别人的白眼和羞辱时，他总是泰然处之。

在禅师精心呵护下，孩子一天天地长大了。看见可爱而又可怜的宝宝，这位孩子的妈妈，再也忍受不了良心的谴责，向父母吐露了真情：孩子的生父是一位年轻的卡车司机。

女孩的父母立即带她来到寺院，向白隐禅师道歉，请求他的原谅，并要带走孩子，为他挽回声誉。

禅师还是像当初那样，不急不火，淡然如水，更没有趁机训斥他们。他只是在交还孩子时轻声说道："就是这样吗？"仿佛不曾发生过什么。即使有，也只像一阵云烟随风而散。

朋友、同事、上司、下属，产生分歧和矛盾是正常的，只要不违背自己心中的原则和底线，要尽量容忍，兼顾对方的感受，这样即使有矛盾也很容易化解。

家庭中，也难免磕磕碰碰。唐朝有一个姓张的大官，家庭和睦，美名远扬，一直传到了皇帝的耳中。皇帝赞美他治家有道，问他道在何处，他一口气写了一百个“忍”字。这说得非常清楚：家庭中要互相容忍，才能和睦。

为人处世，多一点容忍之心，人际关系就和谐了，所有不如意的事，都会变得顺耳、顺眼、顺心，快乐就会永远环绕在你的周围。

第二课

有缺憾，才是完整的人生

1.不完满才是人生

季羡林说："每个人都想争取一个完满的人生。然而，自古及今，海内海外，一个百分之百完满的人生是没有的。所以我说，不完满才是人生。"

老子说："大成若缺。"世上没有终极的完满，完满只存在于人的想象当中。而不完满则普遍存在，它代表着一种缺憾，一种距离，一种客观事实。有了这种缺憾和距离，我们才会不断追求，不断丰富，不断完满。

"留白"是国画艺术中很重要的一种手法，有了"留白"，欣赏者在书画面前才有了信马由缰的想象空间，把自己的心情融入画卷，让尘事渐行渐远，心灵在这泼墨山水间纵横驰骋，实现无墨胜有墨。对于人生，留白就是淡然，得失之间懂得安然；对于生活，留白就是一个容器，酸甜苦辣咸，哪个多一点就要放弃一些，否则其他味道就进不来了。

季羡林少年时离开老家官庄，寄身于济南叔父家。季羡林晚年总结，说："我六岁离开父母，童心的发展在无形中受到了阻碍。试想，我能躺在一个父母之外的人的怀抱中，撒娇打滚吗？不，不能，这是难以想象的。叔父当然对我好，但他'望子成龙'，要求十分严格。课余除了抓学习，还是抓学习，偶尔有一点示爱，比如给我从乡下带回几只小兔，也让人感到距离，那种只能身感，不能言传的距离。"

季羡林在母亲去世之前，整整八年没有回家看望一次。这期间，他读完初中，上高中，停学一年，再读，娶妻，生女，高中毕业，上大学……如此漫长的过程，如此曲折精彩的变化，竟然没有抽出一些日子回家看看。季羡林事后捶胸顿足，懊悔不迭。

季羡林在《寸草心》中叙述道："我因为是季家的独根独苗，身上负有传宗接代的重大任务，所以十八岁就结了婚。父母之命，媒妁之言，自不在话下。德华长我四岁，对我们家来说，她真正做到'毫不利己，专门利人'，一辈子勤勤恳恳，有时候还要含辛茹苦。上有公婆，下有稚子幼女，丈夫十几年不在家；公公又极难侍候，家里又穷，经济朝不保夕。这些年中，她究竟受了多少苦，只是偶尔对我流露一点，我实在说不清楚。"季羡林对妻子十分敬重。但敬重是一回事，疏离隔膜又是一回事。不信，请看下列事实：季羡林1929年结婚，1930年离家去清华，1934年毕业回济南教书，1935年赴德，1946年回国，直到1962年他的妻子才迁来北京。算算看，从结婚到再度聚首，夫妻分居竟长达31年！

在这纷扰的世界里，每一个人都有大大小小的遗憾。

台湾作家林清玄的《学插花》中，讲述的是林清玄的一个朋友在日本学插花的故事，读来意味深长。林清玄的朋友发现一个有趣的现象：老师每次插花不是一朵、三朵、五朵，就是七朵、九朵，没有一次是偶数的。他不解地问："中国人崇尚双数，双双对对更显完美，你们插花为什么只是单数？"老师答曰：单数插出来的花叫"生花"，就是有希望的花，由于不圆满，才显得更有希望；双数插出来的花是"死花"，因为太满了，所以没有了盼头。

"生花"与"死花"暗合着日中则昃、月满则亏的人生哲学。近代名人曾国藩事业亨通、福禄周全、门祚鼎盛之际，常以盈满为戒，将书房取名为"求阙斋"。阙者，空也，缺也，并专门著文《求阙斋记》，时时警醒自己："物生而有嗜欲，好盈而忘阙，一损一益，自然之理也，吾亦将守吾阙者焉。"同时，他通过家书谆谆告诫家人："日中则昃，月盈则亏，天有孤虚，地阙东南，未有常全而不缺者。众人常缺，而一人常全，天道屈伸之故，岂若是不公乎？虽鼎盛，不可忘寒士家风味。"

圆满的人生只是一种美好的追求，追求圆满并无大过，倘若直道而行，倒可提升人生之品位。只是为了这个圆满，许多人不择手段，反而走向圆满的反面。我们的任何事都不能太过追求完美，要留一点余地给自己，好让自己有回旋的余地。过于绝对，断了退路，只会害了自己。

魔术逃生大师胡汀尼身负绝技，他能在很短的时间内破解无论结构多复杂的锁，而且屡试不爽。

为此，他甚至向世人挑战说："我能在60分钟之内打开任何一把锁。"这让一个充满智慧的小镇上的居民知道了，于是决定给他苦头尝尝。

小镇的人们筑造了一座极其坚固的铁笼子，配上一把超级铁锁，从外表看就觉得它复杂无比。逃生大师接受了挑战，他自信满满地发挥起他的绝活，用让人眼花缭乱的工作手法向这把大锁发起攻击。

时间一分分过去了，30分钟，45分钟……可胡汀尼就是没有听到所希望的、锁簧弹开时"啪"的那一声响动。他更加紧张了，但仍旧不死心，60分钟过去了，锁仍然没有反应。胡汀尼绝望了，他决定放弃，于是疲惫地靠在铁栏门上休息，却只听"吱"的一声，铁门被他一靠竟然打开了。

事实上，铁门一直没有上锁，超级大锁只是个骗人的摆设。因为没有锁上，所以自然不可能打开。如果不是追求一小时开锁的完美，胡汀尼也不会心无旁骛地执着于开锁而忽视没锁的细节，他只是被"圆满"锁住了心而已。

人生的方向只有曲线、波浪线、抛物线，没有直线；人生的道路只有逗号、破折号、感叹号，没有句号。历来大有建树者，正是缺憾才展现出他们如绚丽彩虹般的业绩。奥斯特洛夫斯基的缺憾是失明，然而他用一双盲人的手，给我们留下了《钢铁是怎样炼成的》这样赞颂灵魂的美丽篇章；贝多芬的缺憾是失聪，但是他在失聪后并没有放弃自己的创作，给我们留下了荡气回肠的《命运交响曲》等诸多著作名曲，可见美丽不一定要求完整，缺憾也同样造就美丽人生，正是从破碎中释放出来的美丽，才更显灿烂。

当褴褛苍老的人回忆已逝的青春；冷僻孤傲的人忏悔错过的爱情；韶华已逝的明星回忆旧时的青春靓丽；金盆洗手的豪客回味当年的叱咤风云，忆往昔峥嵘岁月，已是覆水难收。人生必定有许多缺憾，而有缺憾才意味着有过真正的生活。

2.福祸相依，凡事切莫强求

季羡林在“文革”中遭到迫害，当时许多人落井下石，对其大肆批判，以为季羡林这辈子不会再有翻身的机会，谁能想到几十年后，他会成为国宝级的文学泰斗。

老子的《道德经》里说道：“祸兮，福之所倚；福兮，祸之所伏。”意思是在一定的条件下，福就会变成祸，祸也能变成福，强求不得。

在美国，有一个总面积约8889平方公里的国家公园，对水灾和火灾等自然灾害从不加以人为的干预。

火灾来了，任大火去烧，让大火自生自灭；水灾来了，让大水去流，而不去抗洪。只有当大火或者大水直接威胁到游客、工作人员的生命和文化遗迹的安全时，才会采取必要的营救措施。

它就是美国最早的国家公园之一：黄石国家公园。

这一反常的管理举措，起源于1988年遭受的一场大火。当时公园1/3的森林被烧毁了，到处是被大火烧焦的死树。

此后，公园管理局用10年的时间研究了大火对生态的影响，结果发现：天灾，有时是大自然新陈代谢的使者，因为大火常发生于衰老的森林，能淘汰森林中的病树、枯木，让新树有生长的空间。

比如松树的生长周期大约是250年，超过这个年龄的树木即开始衰老。又如有些树木的种子，只有借助大火的力量才能发芽。

另外，焚烧过的土地会更加肥沃，更有利于树木生长，大火过后，虽然有些物种的数量减少了，但更多的物种却得到新生。总体上看，大火促进了进入垂暮之年的森林的自然更新。

生活中很难说是陷阱多还是机遇多，也很难说是天灾多还是天幸多，因为机遇常常把自己打扮成陷阱，天幸往往把自己乔装成天灾。生活很像打扑克，抓牌好坏凭运气，出牌水平靠自己，最重要的莫过于全力以赴打好手中的牌，而不是一味抱怨自己拿到了一手烂牌。

盛怒之下总是有无法避免的灾难发生，狂喜之下也总有无可挽救的机会流失。月圆之后便是月缺，高潮之后会有低谷，这是一个无法逃避的客观规律，所以，要平衡好自己的失意和得意。

在文强的别墅里，立有一块镇邪之物——“福兮祸兮”碑。碑的底座为一只巨龟，龟背上还盘绕着一条蛇，碑的正面书写有“福兮祸兮”四字。

具有讽刺意味的是，文强并没有领悟到“福兮祸兮”的真正内涵，未能以此警示自己、规范行为,应验了“福兮,祸所伏”。

当文强能正确对待权力时,还能为老百姓办一些实事,为社会做一些贡献。但是,他不知道珍惜那份来之不易的荣誉和手中的权力,忘掉了权力之“祸”——权力与风险相伴而行。他把“公权”当成“私权”,赤裸裸地出卖权力,不以为耻反以为荣。当他的非法所得积累到8位数时,还无法填满欲壑。这时,钱对于他,已经失去了本身的意义,只剩下了弄权弄钱产生的“快感”和“享受”。当他滥用权力到登峰造极、为所欲为的地步时,他已经刹不住车了,最终滑向了罪恶的深渊。权力由此发生异变,由“福”变成“祸”,给他带来灭顶之灾,给社会带来极其严重的危害。

凡事有好就有坏,因为有阴就有阳,不管到什么时候也不可能将所有的阴暗面一扫而光。

《菜根谭》有云:“苦心中,常得悦心之趣;得意时,便生失意之悲。”当我们身处困境时,要看到未来的希望而不要妄自菲薄;当我们春风得意时,也要看到不远的危险而不要盲目自大。果能如此,那我们的人生之路或许能顺畅许多。

通过现象看本质,透过品悟思人生,很多事情,都要以一种辩证的思想去看待,去解决,去行进。不论是身处逆境也好,还是置身顺境也罢,心中都要明白:安而有危,哀乐相生。

人生的变数很多,我们只能以一种平和的心态去面对,以一份恬适的心境去体会,做到不以物喜,不以己悲,不强求,不苟得。只有这样,我们才能站在一种人生的高度看问题,才能真正地享受生活。

3.缺憾有时也是一种机遇

季羡林的出生地清平是山东最穷的县，他的村子是全县最穷的村，而他们家则又是全村最穷的家庭。季羡林回忆六岁以前，几乎不知肉味，没钱买盐，只能从盐碱地里挖土煮水腌咸菜。窘迫的生活使他不得不更加努力，终于成为一个有用的人。

朱光潜先生说："这个世界之所以美满，就在于有缺陷，就在有希望的机会，有想象的田地。"凡是伟大的人物从来不承认生活是不可改造的，他也许会对自己当时所处的环境不满意，不过这种不满意不但不会使他抱怨和不快乐，反而使其生出一股热忱想闯出一番事业来。

拿破仑的父亲是一个极高傲但穷困的贵族。他把拿破仑送进了一所贵族学校。

好多同学在他面前极力夸耀自己富有，讥讽他的穷苦。他实在受不住了，就写信给父亲，说道："为了忍受这些外国孩子的嘲笑，我实在疲于解释我的贫困了，他们唯一高于我的便是金钱，至于说到高尚的思想，他们是远在我之下的。难道我应当在这些富有的人之下谦卑下去吗？"

"我们没有钱，但是你必须在那里读书。"这是他父亲的回答，他因此忍受了5年的痛苦。但是每一种嘲笑、每一种欺侮、每一种轻视的态度，都使他增加了决心，发誓要做出样子让他们看看，事实是他做到了，这当然不是一件容易的事。他一点也不空口自夸，他在心里暗暗计划，决定利用这些没有头脑却傲慢的人作为桥梁，使自己得到技能、富有、名誉和地位。

他到部队时，看见同伴正在用多余的时间追求女人和赌博，而他那不受人喜欢的性格使他决定改变方针，用埋头读书的方法，去努力和他们竞争。读书是和呼吸一样自由的,因为他可以不花钱在图书馆里借书读,这使他得到了很大的收获。他住在一个既小又闷的房间内。在这里,他脸无血色、孤寂、沉闷,但是他却不停地读了下去。

有一次,长官看见拿破仑的学问很好,便派他在操练场上执行一些工作,他做得极好,于是他又获得了新的机会,从前被称作"矮小、无用、死用功"的拿破仑开始走上有权利的道路。

现状与期望之间的差距需要我们理性地面对、客观地承认、冷静地分析、积极地改变,并保持美好憧憬。当然,我们不能因为没有绝对的完美而放弃对完美的追求,只是对完美不必苛求,尽最大努力把事情干到最好,而越努力的总是越有运气的。

正因为不完美,才让人有不断追求完美的动力。

巴尔扎克有一个癖好,就是只用有缺口的杯子。他会用调羹在新杯子上轻轻敲出一个小小的缺口,而且无论是在家写作还是参加宴会,巴尔扎克都带着它。

雨果有一次去找巴尔扎克,巴尔扎克用咖啡招待雨果,但将书房找了个遍,没有发现完好的杯子,巴尔扎克只好用有缺口的杯子给雨果冲咖啡。

雨果这才注意到,巴尔扎克房间里所有的杯子都有一个小小的缺口。他很好奇,就问巴尔扎克,为什么他的杯子都有一个缺口。

巴尔扎克停下手中的笔,微笑着说:"每次喝咖啡,我都想喝满满一杯,但我用有缺口的杯子喝咖啡时,我就会想着,上一杯咖啡还没有喝完,就接着喝下一杯,再下一杯,喝得越多,流掉的咖啡就越多,我永远不能把一杯咖啡喝完,我就不满足,总想把流掉的咖啡喝回来,这样我就不会停止喝咖啡了。"

巴尔扎克说完,冲雨果笑了一下,又埋头写他的文章。

雨果轻轻端起杯子,微抿了一口咖啡,再看巴尔扎克的样子,终于明白了:巴尔扎克用有缺口的杯子,是想提醒自己,无论写了多少作品,这些作品上都有一个缺口,以此来激励自己写下一部,将这个缺口补上,所以他才会不停地写下去。

正是抱着这样的心态,巴尔扎克在20余年的写作生涯中,写出了91部不朽的传世之作。

缺憾有时也是一种机遇,虽然有亡羊补牢之嫌,亦有于事无补之可能,但是为了弥补心里的缺憾,并自以为有机可乘之机遇,便怀着一颗充满理想主义的心为之一搏,并有一颗宁可后悔也不愿错过的坚强决心为之一显身手并拭目以待。

人都应该追求完美,但追求完美不是不留一点缺憾。有时,给人生留一个缺口,才会在完美之路上走得更远,才会激发我们不断追求并弥补这个缺口。在这个过程中,你会一步步接近完美、接近成功。

4.尽人事,听天命

季羡林说:“信缘分与不信缘分,对人的心情影响是不一样的。信者胜可以做到不骄,败可以做到不馁,绝不至胜则忘乎所以,败则怨天尤人。”中国古话说:“尽人事而听天命。”首先必须“尽人事”,否则馅儿饼绝不会自己从天上落到你的嘴里。但又必须“听天命”,人世间,波诡云谲、因果错综,只有做到“听天命”,才能永远保持心绪的平衡。

这是季羡林在《缘分与命运》中提到的故事:

北京西山深处有一座辽代古庙,名叫"大觉寺"。此地有崇山峻岭,茂林流泉,有三百年的玉兰树,二百年的藤萝花,是一个绝妙的地方。将近二十年前,我骑自行车去过一次。当时古寺虽已破败,但仍给我留下了深刻的印象,至今忆念难忘。去年春末,北大中文系的毕业生欧阳旭邀我们到大觉寺去剪彩。原来他下海成了颇有基础的企业家。他毕竟是书生出身,念念不忘为文化做贡献。他在大觉寺里创办了一个明慧茶院,以弘扬中国的茶文化。我大喜过望,准时到了大觉寺。此时的大觉寺已完全焕然一新,雕梁画栋,金碧辉煌,玉兰已开过而紫藤尚开,品茗观茶道表现,心旷神怡,浑然欲忘我矣。

将近一年以来,我脑海中始终有一个疑团:这个英年歧嶷的小伙子怎么会到深山里来搞这么一个茶院呢?前几天,欧阳旭又邀我们到大觉寺去吃饭。坐在汽车上,我不禁向他提出了我的问题。他莞尔一笑,轻声说:"缘分。"原来在这之前他携伙伴郊游,黄昏迷路,撞到大觉寺里来。爱此地之清幽,便租了下来,加以装修,创办了明慧茶院。

松下幸之助说:"到了今天,我有时也会把这句话(即尽人事,听天命)念给自己听。我现在也常会碰到一些很麻烦的问题,有时难免会感到迷茫、悲观,也会产生'人世实在没有什么意思'的感觉。只要是人都会有这种感觉。这么一来就没有办法专心工作,对自己也非常不利。于是,我想到了'尽人事,听天命'这句话。这是自己认为正确之后才去做的事,以后的成果请他人代为判断。到了今天,我还有这种想法。"

松下幸之助将"尽人事,听天命"奉为座右铭。人的意志并不能完全主宰事物的形态与发展。因此,树立"自量"意识,遇到困难,实在无能为力的时候,要学会忍耐。事实上,松下幸之助本人也有急不可待的时候,然而,在生活和事业的不断磨炼中,他逐渐学会忍耐。松下幸之助一生遭遇太多的艰难困苦,"尽人事,听天命",这或许是他体味人世间辛酸苦辣之后的经验之谈吧。

"尽人事,听天命",就是一方面要尽自己最大的努力去争取、去奋斗，另一方面又要安守天命，不强求、不妄为，顺其自然、顺势而为。如果你努力拼搏了，但依然屡遭挫折，连栽跟头，未获成功，那就要理智地接受事实、承认现实，即使如何不如意、不得志，也要“安听天命”。

林徽因才貌双全，追求者泛泛。近代第一浪漫诗人徐志摩不管不顾，天天登门拜访，赠送情诗，毫无避嫌之意，不免风声四起，讥讽无数。

梁启超无法忍受自己学生如此张扬，写信让他悔改。

徐志摩看后回信一封，文人笔墨，诚恳动人自然不必说，写到最后，动情地说一句：“我将在茫茫人海中，寻找我人生之唯一伴侣。得之，我幸；不得，我命。如此而已。”

诸葛孔明用计火烧司马懿父子，眼看司马大军就要覆灭时，一场大雨忽然冲刷下来，救活了司马父子，也洗刷了中国的历史，天下成了司马父子的江山。诸葛亮一句：“谋事在人，成事在天！”的仰天长叹，成了千古绝响。

生活中我们要“随缘”而不是“攀缘”。事成了，只是淡淡地欣慰，而没有过激的兴奋与成事后的傲慢；事不成，也只有坦然地接受，而没有难堪的懊恼追悔。凡事不强求，尽人事，听天命。凭自己的能力，能做到什么程度就做到什么程度，不必在乎得失或别人的看法。

随缘的人不从众，他们独立、自我，不会迎合别人而委屈自己。他们乐观、自信，并且不急功近利。他们思维不偏激，行事不过头，既不置别人于死地，也不对自己苛求。倘若不成功或不尽如人意，也会问心无愧。人只要心存高远，自然不会怨天尤人。正如庄子所言：“依天从命，因顺自然。”

第三课

虚怀若谷，谦卑的人有福

1.风头正劲，不骄傲

有次毕业典礼，季羡林代表教职员讲话，对要走出校门的青年学子给予一份嘱托。老先生走到台前的时候，首先给所有的学生笔直地90度鞠了一躬，当时满场掌声雷动，这样一位对国家教育事业做出贡献的人，还保持这种谦虚，让学生非常感动。

的确，一个人的名气大了，不沽名则其名愈溢；一个人的功劳大了，不矜功则其功愈显。俗话说，“夹着尾巴好做人”，那些骄傲自大，喜欢炫耀，处处表现出高人一等的人，终是要吃亏的。

明王朝的建立，徐达功不可没。有诗云：“指挥皆上将，谈笑半儒生。”

徐达每年春天挂帅出征，暮冬之际还朝，回来后立即将帅印交还，回到家里仍然过着极为俭朴的生活。他与朱元璋是儿时一起放过牛的发小。后来，朱元璋将自己的次女许配给他。

朱元璋曾私下对他说："徐达兄建立了盖世奇功，从未好好休息过，我就把过去的旧宅第赐给你，让你好好享几年清福吧。"

朱元璋的旧第是其登基前当吴王时居住的府第，可徐达就是不肯接受。万分无奈的朱元璋请徐达到旧第饮酒，将其灌醉，然后蒙上被子，亲自将其抬到床上睡下。

徐达半夜酒醒，问周围的人自己住的是什么地方，内侍说："这是旧内。"徐达大吃一惊，连忙跳下床，俯在地上自呼死罪。朱元璋见其如此谦恭，心里十分高兴，命人在此旧邸前修建一所宅第，门前立一石碑，并亲书"大功"二字。

徐达病逝后。朱元璋为之辍朝，悲恸不已，追封为中山王，并将其肖像陈列于功臣庙第一位，称之为"开国功臣第一"。

历史上每个皇权的确立，无不倚仗文臣武将的群策群力，而后功臣往往会成为权臣。皇帝在政权到手后，总是担心功臣夺取皇权或挟天子以令诸侯的事情发生，千方百计收回其权力。"狡兔死，走狗烹；飞鸟尽，良弓藏；敌国破，谋臣亡"成为皇权统治下残酷的事实。

与其居功自傲被诛，不如学孔子之言。《论语》曰："孟之反不伐，奔而殿，将入门，策其马曰，'非敢后也，马不进也。'"讲的是齐国派兵攻打鲁国，两军在鲁国城外交战，鲁军右翼溃败。军队败退时，众将士纷纷后撤，大夫孟之反勇敢地殿后掩护，而且不居功自夸，谦虚地说不是自己勇敢殿后，而是马跑得太慢落在了后面。居功不自傲，是孔子积极倡导的君子美德，所以听到这件事以后，对孟之反给予了高度评价。

孔子在《易经·系辞传》中，曾专门提到乾卦的九三爻辞"劳谦君子，有终吉"，并评论说："劳而不伐，有功而不德，厚之至也。"赞扬的也是有付出而不居功的人，有功劳而不自以为有德行，恰是德行敦厚的表现，而"厚德"才能"载物"。

许攸，原是袁绍的一个谋士，在官渡之战中投靠了故交曹操。

当时曹操以七万之众与袁绍七十万大军在官渡相持，自然处于下风，而且粮草断绝难以持久。一筹莫展之际，许攸自己来投。

《曹阿瞒传》说，“公闻攸来，跣出迎之，抚掌笑曰：‘子远，卿来，吾事济矣！’”用白话文讲，当时，曹操已解衣歇息，听到此消息，来不及穿鞋，光着脚出迎，看见许攸，抚掌欢笑，携手共入。

许攸投曹后，为曹操出的奇袭乌巢之计，终扭转战局。官渡之战胜后，曹操围攻袁氏老巢冀州，许攸决漳河灌城之计，大胜袁军。

许攸的两个计策都点了袁绍的死穴，正是得益于这两计，曹操最终战胜袁绍。

可许攸却自持有功，时与曹操相“戏”，甚至“阿瞒，阿瞒”地乱称呼。有一次出邺城东门，他又对别人讲：“不是我，老曹家可就再也不能出入此门啦。”曹操毕竟是个大人物，岂容许攸这样对他，终于找了个借口，把许攸杀了。

《庄子》记载，当杨子去请教老子时，老子也谆谆告诫他不要太盛气凌人，而是要谨言慎行、谦虚待人。因功自夸其能，终会因功惹祸。

君子有功不自傲，功高当然是好事，但如果自诩自夸，就会自损其才、自伤其能、自贬其尊、自嫡其位。保持谦逊，放低姿态，自傲是自轻自贱的表现，只有低调做人才是自珍自重。

2.平易近人，有身份没架子

季羡林先生在功成名就后，虽身居高位，身兼数职，社会活动也日渐频繁，但他没把自己排除在普通人之外，仍怀谦卑之心，平易近人，不摆架子。

季羡林有位邻居，季羡林第一次见他时，热情地握着他的手说："我们做了邻居了。"这让邻居有些受宠若惊。许多年轻的朋友常会到季羡林家中登门拜访。面对这些晚辈，不管多忙，季羡林都会放下手中的工作，与他们吃茶聊天，合影留念。客人走时，还执意送到门外。

高山离人们越近越显得雄峻，而真正的大人物并没有这个近距离效应。真正的大人物大都平易近人，谦卑有礼。不是因为他的权力、地位、财富和虚名，而是因为他有高尚的品德。

有一次，孙中山身穿便服，到参议院出席一个重要会议。

大门前执勤的卫兵，见他衣着简单，便拦住他，并厉声叫道："今天有重要会议，只有大总统和议员们才能进去，你这个大胆的人要进去干什么？快走！快走！否则，大总统看见了会动怒，一定会惩罚你的！"

孙中山听罢，不禁笑了，反问道："你怎么知道大总统会生气的？"一边说着，一边出示了自己的证件。卫兵一看证件，才知道这个普通着装的人竟是大总统。惊恐之下，卫兵扑倒在地，连连请罪。孙中山急忙扶卫兵起身，并幽默地说："你不要害怕，我不会打你的。"

还有一次，孙中山由广州赴桂林，准备亲率部队誓师北伐。孙中山从梧州沿抚河西上，日夜兼程，水路乘船，陆路坐轿。孙中山坐在轿子上与轿夫聊天。他问轿夫多大年纪了，轿夫答："60岁。"孙中山立刻命令停轿，下来步行,让轿夫抬着空轿子跟着走。孙中山抱歉地说:“我的年纪比你小,你不应该抬我,应该我抬你才对。”

在桂林,孙中山游七星岩。岩洞内很暗,一群打着赤脚、衣衫褴褛的小孩子手持火把为游人带路,挣点饭钱。士卫为了安全,拒绝了孩子们的要求,并要把他们轰走。孙中山和颜悦色地对士卫说:“不要赶他们,就让他们带路吧。”他还笑眯眯地对孩子们说:“来,来,大家排好队!”说着吩咐副官逐个派赏钱。有的小孩子拿了钱,走开转了一圈又来要钱,被士卫发现,举手就要打。孙中山立刻制止,说:“不要打,给他们吧!”

生活中,我们常常见到一些人在地位和权势不如自己的人面前颐指气使,一副盛气凌人的架势,以为自己很有能耐,高高在上。其实,这恰恰是一种浅薄、庸俗的表现。“平易近人者,人皆近之”,对有一定身份和地位的人来说,放下身段和大家平和相处,非但不失身份,反而更能受到大家的尊重。

位居高位的人常为众人所仰视、瞩目,他们的一言一行都会得到更多人的关注、议论和评判。如果此时能以平易随和的态度对待众人,做到华而不显、贵而不炫,就一定会赢得众人的拥戴、人心的归附。

一个人的名誉,是用自己高尚的情操、优雅的行为、谦逊的态度来维护的,而不是金钱堆积起来的。无论何时,平易近人的态度,不以强凌弱的美德,都会让人发自内心地尊敬。

瑞典前首相帕尔梅是一位十分受人尊敬的领导人。他当时虽贵为首相,但仍住在平民公寓里,与平民百姓毫无二致。帕尔梅的信条是:“我是人民的一员。”

他独自前往维也纳参加奥地利社会党代表大会,当他走入会场时,还没有人注意到他,直到他在插有瑞典国旗的座位上坐下来,人们才发现他。对他的举动,与会者都啧啧称赞。

帕尔梅从家里到首相府，每天都坚持步行，在这一刻钟的时间里，他不时同路人打招呼，有时甚至与路人闲聊几句。

帕尔梅一家经常去法罗岛度假，和那里的居民建立了密切的关系，那里的人都将他当作朋友。他常常在闲暇时间独自骑车闲逛、铡草打水、劈柴生火、帮助房东干些杂活，以此来联系和接触群众，使彼此之间亲如一家人。帕尔梅喜欢独自微服私访，去商店、学校、厂矿等，与店员、学生、工人进行平等融洽的交流，同时还虚心听取他们的意见。他从不摆首相的架子，谈吐文雅、态度诚恳，也从不搞前呼后拥的威严场面。

帕尔梅平易近人，他同许多普通人通信并建立了友谊。在位时，他平均每年收到1.5万多封来信，其中三分之一来自国外，为此他专门雇用了4名工作人员及时拆阅、处理和答复，做到来者皆阅，来者均复。对于助手起草的回信，他还要亲自过目，然后才能签发。

《庄子·徐无鬼》中云："狗不以善吠为良，人不以善言为贤。"怀着谦卑的心，才能更接地气，平易近人，并保持生命的丰盈和生活的超然。获取他人尊敬的方法靠的不是卖弄权利、能言善辩，不是高高在上地吆五喝六，而是真诚地放下架子，平等待人。

3.莫要过度自我感觉良好

季羡林说："我所见到的人，大都自我感觉良好。专以学界而论，有的人并没有读几本书，却不知天高地厚，以天才自居，靠自己一点小聪明——这能算得上聪明吗？——狂傲恣睢，骂尽天下一切文人，大有用一管毛锥横扫六合之概,令明眼人感到既可笑,又可怜。这种人往往没有什么出息。”

苏东坡在江北瓜州任职时,和一江之隔的金山寺住持佛印禅师是至交,两人经常谈禅论道。

一日,东坡居士自觉修持有得,即撰诗一首:稽首天中天,毫光照大千,八风吹不动,端坐紫金莲。

诗成后遣书童过江,送给佛印禅师品赏,禅师看后,拿笔批了两个字,即叫书童带回。

苏东坡以为禅师一定是对自己的禅境大表赞赏,急忙打开一看,只见上面写着两个字:放屁。

这下东坡居士真是又惊又怒,即刻乘船过江找佛印理论。

船至金山寺,禅师早已在江边等候,东坡居士一见佛印立即怒气冲冲地说:“佛印,我们是知交道友,你即使不认同我的修行、我的诗,也不能骂人啊!”

禅师大笑说:“咦,你不是说‘八风吹不动’吗,怎么一个屁字,就让你过江来了?”

苏东坡听后恍然大悟,惭愧不已。

为人处世中,过分自我感觉良好的人,最大的特点即:我是太阳,星星、地球、月亮都得围着我转。这类人典型的表现是:我的意志高于一切,别人都得服从我。他对自己的态度是:自以为是,自高自大,为所欲为;对别人的态度是:强人所难,赶鸭子上架,从不顾及他人内心感受。

过分以自我为中心的人,往往都很自信,这种过度的自信导致这类人视客观条件于不顾,而一味主观臆断。在与人交往中,自我中心主义者常有一种狭隘、狂妄、偏执的不良心态。

项羽过度自我感觉良好,听不得别人的建议,致使手下的人都投奔刘邦，最后自刎乌江。太平天国时期翼王石达开过分自我感觉良好从而分裂天国、孤军深入四川大渡河，导致全军覆灭。所以，人不能骄傲自恃，不能认为自己“老子天下第一”，举世无匹。要知道“山外有山，人外有人”。如果目空一切的话，恐怕会自取其辱，也难有好的归宿和下场。

关羽连杀袁绍手下名将颜良、文丑，一时名声大振。成名后的关羽，逐渐自我感觉良好起来。刘备占领益州后，把曹操赶到了长安，又派关羽攻打樊城，恰好这时汉水暴涨，关羽利用大水淹没了曹军大将于禁的七支大军，乘胜包围了曹军占据的樊城，关羽的自负心理更日益膨胀。

曹操为解樊城之围，向孙权求助，孙权派大将吕蒙攻取荆州。吕蒙从密探口中得知，沿江到处都是烽火台，防备也不见有松懈的迹象。他和孙权商量，对外假称生病回去休养了，以此来麻痹关羽。孙权另派年轻的陆逊接替吕蒙。

陆逊故意派人送信给关羽，对他水淹于禁七军大大称赞了一番，表达了自己对他的万分仰慕之情。

关羽看信后，认为陆逊初出茅庐，比吕蒙好对付多了，就放松了警惕，陆续把防守荆州的人马调拨到樊城。

孙权得知计谋得逞，立刻派吕蒙起兵攻打荆州。吕蒙把战船伪装成商船，派一些士兵乔装打扮成商人和船夫的模样，自己率兵埋伏在船舱内，骗过烽火台上的防守士兵，把船靠了岸。到了半夜三更，躲在船舱里的士兵一拥而出，出其不意地攻打防守的士兵，占领了荆州。

吕蒙又趁热打铁，派人劝说江陵、公安的守军投降，那些将领原本对关羽过分的自以为是就有意见，经不起三劝两劝，投靠了东吴。孙权的军队势如破竹，所向披靡，最终杀了关羽。

苏联科学家巴甫洛夫写道：“无论在什么时候，永远不要以为自己已经知道了一切。不管人们把你评价得多么高，但你永远要有勇气对自己说:‘我是个毫无所知的人。’”有些人自我意识极强,容易自以为是,他们往往以失败而告终。

一个人除去自以为是的态度后,才会看见别人闪光的优点,那他就会向那些成功者和先行者学习,以此来提高自己。也只有这样的人才能看到别人的优点并加以吸收,将其变成自己的东西,如此一来,弱者就会变强,强者则会更强。

4.不要随意轻视别人

有一次,北大新生入学的时间到了,新生们一个个兴高采烈地走进北大校园。有一个新生背着沉重的行李已累得疲惫不堪,他停在路边想找个人帮忙,这时正好一位看上去像校工的“老师傅”经过,他便想让“老师傅”替自己看包。“老师傅”很爽快地答应了。一个小时后,他办完手续回来,“老师傅”很尽职地仍在为他看守。后来,在开学典礼上,那位新生惊讶地发现帮他看包的那位“老师傅”也在主席台上就座。原来,那位“老师傅”是北大副校长、被称为我国学界泰斗的季羡林先生。

一对老夫妇,女的穿着一套褪色的条纹棉布衣服,而她的丈夫则穿着布制的便宜西装,也没有事先约好,就直接去拜访哈佛的校长。

校长的秘书在片刻间就断定这两个乡下土老帽根本不可能与哈佛有业务来往。

先生轻声地说:“我们要见校长。”

秘书很礼貌地说:“他整天都很忙!”

女士回答说："没关系，我们可以等。"

过了几个钟头，秘书一直不理他们，自己走开，希望他们知难而退。他们却一直等在那里。

秘书终于决定通知校长："也许他们跟您讲几句话就会走开。"

校长不耐烦地同意了。

校长很有尊严，而且心不甘情不愿地面对着这对夫妇，等他们开口。

女士告诉他："我们有一个儿子曾经在哈佛读过一年书，他很喜欢哈佛，他在哈佛生活的很快乐，但是去年，他因意外去世了。我丈夫和我想在校园里为他留一个纪念物。"

校长并没有被感动，反而觉得很可笑，粗声地说："夫人，我们不能为每一位曾读过哈佛而后死亡的人建立雕像的。如果我们这样做，我们的校园看起来就会像墓园一样。"

女士说："不是，我们不是要竖立一座雕像，我们想要捐一栋大楼给哈佛。"

校长仔细地看了一下条纹棉布衣服及粗布便宜西装，然后吐一口气说："你们知不知道建一栋大楼要花多少钱？我们学校的建筑物的价值超过750万美元。"

这时，这位女士沉默不讲话了。校长很高兴，总算可以把他们打发了。

这位女士转向她丈夫说："只要750万就可以建一座大学？那我们为什么不建一座大学来纪念我们的儿子？"

就这样，斯坦福夫妇离开了哈佛，到了加州，成立了斯坦福大学来纪念他们的儿子。

哈佛的那位校长后悔不已。

不要看不起一些微不足道的小人物，每个人都有自身的优势，即便是小人物也有他独特的价值。就像泥土和金子，看起来金子更珍贵，但若你是一粒种子，就能体会到泥土的价值了。

徐悲鸿是我国著名的现代绘画艺术大师。据说，有一次，他正在一个画展上评议作品，一位乡下老农上前对他说：“先生，您这幅画里的鸭子画错了。您画的是雌麻鸭，雌麻鸭毛是麻褐色的，尾巴很短；雄麻鸭羽毛鲜艳，有的尾巴是卷曲的。”原来徐悲鸿误把雌麻鸭画成了尾羽长且卷曲成环的雄麻鸭了，他诚恳地接受了批评，并向老农表示了深深的谢意。

不要因为自己在某些方面看似比他人优越就陷入自狂之中，进而轻视别人，这是一种浅薄之举。如果一个人自视甚高，他一般不会得到他人的认可，难免影响人际关系的发展。所以，一定要控制自己的傲慢情绪，保持理智与平和，在态度上要谦逊，要做到虚怀若谷，把自己放在与他人平等的地位。

一个人如果做到对他人尊重、信任和理解，那他就一定不会小看他人。孔子曾说过：“三人行，必有我师。”实际上，“两人行就有我师”了，当然，前提是我们能发现另外一个人的优点。

有一位女作家被邀请出席一个笔会，坐在她身边的是匈牙利一位年轻的男作家。男作家不知道女作家是谁，但女作家简朴的衣着、不善言谈的举止给他一种感觉：她肯定是一位不入流的作家。在这种意识的驱动下，男作家开始有了一种居高临下的感觉。

终于，男作家开口问旁边的女作家是否是专业作家，女作家淡淡地说“是”。男作家继续询问女作家有什么大作出版，是否可以拜读。女作家非常客气地告诉男作家，她只是写写小说而已，根本谈不上什么大作。

随后，男作家的表情变得很得意，他说：“那我们应该是同行了，我也是写小说的。我已经出版了339部小说，请问你出版了几部？”女作家微笑着回答：“我只写了一部。”男作家带着一种不屑的目光说道：“噢，你只写了一部小说，那能否告诉我小说的名字？”“《飘》。”女作家平静地回答。顿时，那位狂妄的男作家目瞪口呆。

女作家的名字叫玛格丽特·米切尔，她的一生只写了一本小说。现在，我们都知道她的名字，而那位自称出版了339部小说作家的名字，已经无从考查了。

心理学上，有一种心理现象叫“晕轮效应”，也就是说，只要是你喜欢的人，他们什么都好，自然你就会更多地看到他们的优点和长处，反之亦然。其实，这是一个非常有害的心理现象，它会让一个人丧失理性分析的耐心，而更多地带着自己的情绪看待他人，往往会被表象所疑惑。

一位哲人曾说：“不要轻视行为，因为行为会形成习惯；不要轻视习惯，因为习惯会形成性格；不要轻视性格，因为性格会决定命运。”能成大事的人从来不轻视他人，而是非常重视他人，更重视他人的意见。

很多人之所以不能做好事情，不能成就自己，其原因多半是因为自视太高、傲慢、轻视他人，从而产生了阻力，甚至导致事情毁于一旦。每个人都有无限潜能，绝不能以一个人现在的表现，就随意对他的未来下一个论断。

5.倚老卖老，是枉然

季羡林在《真话能走多远》一书中，对“倚老卖老”现象进行了透彻的解读，部分摘录如下：

五十年代和六十年代前期，中国政治生活还比较（我只说是“比较”）正常的时候，周恩来招待外宾后，有时候会把参加招待的中国同志在外宾走后留下来，谈一谈招待中有什么问题或纰漏，有点总结经验的意味。这时候刚才外宾在时严肃的场面一变而为轻松活泼，大家都争着发言，谈笑风生，有时候一直谈到深夜。

有一次，总理发言时使用了中国常见的“倚老卖老”这个词儿，翻译一时有点迟疑，不知道怎样恰如其分地译成英文。总理注意到了，于是在客人走后就留下中国同志，议论如何翻译好这个词儿。大家七嘴八舌，最终也没能得出满意的结论。我现在查了两部《汉英词典》，都把这个词儿译为：To take advantage of one's seniority or old age.意思是利用自己的年老，得到某些好处，比如脱落形迹之类。我认为是基本能令人满意的；但是“达到脱落形迹的目的”，似乎还太狭隘了一点，应该是“达到对自己有利的目的”。

人世间确实不乏“倚老卖老”的人，学者队伍中更为常见，故事就出在清吴敬梓的《儒林外史》中。吴敬梓有刻画人物的天才，着墨不多，而能活灵活现。第十八回，他写了两个时文家。胡三公子请客：

四位走进书房，见上面席间先坐着两个人，方巾白须，大模大样，见四位进来，慢慢立起身。严贡生认得，便上前道：“卫先生、随先生都在这里，我们公揖。”当下作过了揖，请诸位坐。那卫先生、随先生也不谦让，仍旧上席坐了。

倚老卖老，架子可谓十足。然而本领却并不怎么样，他们的诗，“且夫”“尝谓”都写在内，其余也就是文章批语上采下来的几个字眼。一直到今天，倚老卖老，摆老架子的人大都如此。

平心而论，人老了，不能说是什么好事，老态龙钟，惹人厌恶。但也不能说是什么坏事，人一老，经验丰富，识多见广。他们的经验，有时会对个人甚至对国家是有些用处的。但是，这种用处是必须经过事实证明的，自己一厢情愿地认为有用处，是不会取信于人的。另外，根据我个人的体验与观察，一个人，老年人当然也包括在里面，最不喜欢别人瞧不起他。一感觉到自己受了怠慢，心里便不是滋味，甚至怒从心头起，拂袖而去。有时闹得双方都不愉快，甚至结下怨仇。这是完全要不得的。一个人受不受人尊敬，完全取决于你有没有值得别人尊敬的地方。在这里，摆架子，倚老卖老，都是枉然的。

倚老卖老的本质是建立在经验主义的基础之上的。经验在很多情况下是非常有用的，但如果完全躺在经验上想问题，经验就成了一种包袱。很多情况下，不是别人打败了自己，而是丰富的经验打败了活生生的人。

几十年前，毛泽东就批评以上那两种主义，说教条主义是主观主义的第一个形态，经验主义是主观主义的第二个形态。如今在改革开放的今天，更要防止经验主义，也包括教条主义的复活。经验主义，当然还有教条主义，不论是对国家对集体还是对个人都有危害。

不过还是有少数人，总是一副高高在上的样子，一脸倚老卖老的表情。他们的目光是蔑视式的，口气是批语式的，举动是榜样式的，交谈是训诫式的。他们仗着曾经取得的一些成就，一直保持着权威思想，处处显示出“我最大”“我很行”的姿态。

唐朝时期，出现了一个专偷皇宫的小偷。此小偷爱为人师，收徒十多人。平时对徒弟要求严格，爱摆老资格。徒弟们多有抱怨，但因为此小偷技术过硬，徒弟们也算信服。

有一次，他偷了玉玺，隔日又送了回去。

皇帝顿时紧张起来：“这家伙到了深宫内院真是来去自由。如今玉玺丢了倒也罢了，要是哪一天来取朕的项上人头，那还不是探囊取物一般！”想到这里，皇帝打了一个冷战，赶紧把各位大臣找来商议对策。

有一大臣提出三条措施，首先是增派三千军队严守皇城，其次是加强宫内防盗部门的职能，第三是严密盘查出入城门的车辆行人，以防被盗之物流出城外。这个建议实施了大半年，可是皇宫还是接连被盗。皇帝没办法只好再次召集群臣谋求对策。

另一大臣说："启奏陛下，臣有三策可使盗贼束手就擒。一是撤掉军队，二是摘掉宝库门的大铁锁，三是打开存宝箱的木盖子。闻听此言，皇帝大惑不解。大臣不慌不忙地回答说："有无成效，一试便知。"皇帝只好下令撤兵摘锁开箱子。还别说，不到十天，偷玉玺的那个小偷就给捉住了。

原来这个神偷拥有三十年的偷窃历史，老资格自不必说，经验丰富一点不假。经历的次数多了，行动的各个环节就像经过精确的计算一样丝毫不差，行窃之时只要重复以前的动作便可大功告成。可是，当他进入藏宝房间的时候突然发现门没上锁，藏宝箱无遮无盖，真不知如何是好——以前一切经验都用不上了。

作为一位已经有崇高地位与声誉的文学老人，巴金充分理解和热情支持成长中的一代文学新人："可能有人以为他们'不懂礼貌'，看他们来势汹汹，仿佛逼着我们让路。然而说句实话，我喜欢他们，由他们来接班我放心。"他还表示："我老了，摆老资格也没有用，我必须向年轻人学习，或者让位给年轻人。这是自然的规律。"

倚老卖老的人，心理上自以为已经满了，放不下真正的新经验、新知识。与其摆老资格，不如让自己谦虚一些，与把握时代潮流的人一起前进。

第四课

博弈困境，一切不幸只是过程

1.坚强地活下去

季羡林的一生，受到的打击众多。

“文化大革命”时代，被戴上“反革命”的帽子关进“牛棚”，成了“被开除了‘人籍’的人”，但季羡林仍然很坚强。为适应不断的批斗，他竟然想出每天站在自家阳台上进行“批斗锻炼”：低头弯腰，手不扶膝盖，完全自觉自愿地坐喷气式，还在心里数着数，来计算时间，必至眼花流泪为止。

随后，共同生活多年的婶婶、妻子、女儿与女婿去世，他的身体也出现了一些问题。本来美满幸福的家庭，最后只剩下了他“孤家寡人”，其心情之悲痛、凄凉，可想而知。但是，季羡林是坚强的。他没有被厄运击倒，从此心灰意懒，一蹶不振。相反，他艰难地、步履蹒跚地，在挨过了两三年痛苦的日子之后，终于走出了孤独、悲伤的阴影，重新恢复了生活的信念，开始了新的生活。

生活中遭遇不幸的人很多，能坚持活下来就是坚强的人。有时苦难来临时，换个视角，就是幸福。

作家余华在他的著作《活着》里讲了这样一个故事：

故事的主人公叫富贵，他年轻时是个小地主，但嗜赌成性，终于赌光了家业，变得一贫如洗。穷困之中他因母亲生病前去求医，没想到半路上被国民党部队抓了壮丁，被解放军俘虏后，回到家乡才知道母亲已经过世。

他的妻子家珍因患有软骨病干不了重活。妻子含辛茹苦带大了一双儿女，但女儿凤霞不幸成了哑巴。凤霞成年后与队长介绍的城里的偏头二喜喜结良缘，产下一男婴后，因大出血死在手术台上。

凤霞死后三个月，家珍也去世了。二喜是搬运工，因吊车出了差错，被两排水泥板夹死。他的儿子有庆因与县长夫人血型相同，为救县长夫人抽血过多而亡。富贵就带着外孙苦根回到乡下，生活十分艰难，一次苦根说肚子疼，富贵心疼他，便给他煮了豆子吃，不料苦根却因吃豆子撑死。

一家人就剩下富贵一个人，他七十多岁了，这个老头牵着一头老牛，时而拍拍黄牛，时而向西方望去，那是他七位亲人的坟墓，他放下锄头，向着落日，看太阳将最后一抹光芒洒向西边的黄土上……

余华说，别人看富贵总是同情和怜悯的，但是富贵自己却在苦难的生活中感到一些幸福，他会觉得自己得到了世界上最好的妻子，女儿嫁了一个好女婿。

生命中的不幸各有各的不同，唯有坚强才会让我们活得更好。

有一位医生素以医术高明享誉医学界，事业蒸蒸日上。但不幸的是，就在某一天，他被诊断患有癌症。这对他不啻当头一棒。他一度情绪低落，但最终还是接受了这个事实，而且他的心态也为之一变，变得更宽容、更谦和、更懂得珍惜所拥有的一切。在勤奋工作之余，他从没有放弃与病魔搏斗。就这样，他平安度过了好几个年头。有人惊讶于他的事迹，就问是什么神奇的力量在支撑着他。这位医生笑盈盈地答道:“是信念,因为我知道,只有活着,才有幸福的可能。”

我们活在世上的每个人,都会经历不同程度的困境。困境是生命过程中的一部分,是在困境中沉沦还是在困境中崛起,全在你自己是否心中时刻充满着希望。因此,当困难与挫折来临时,应平静地去面对,乐观地去处理。坚强地活着,如果换个视角仍不是幸福,那先乐观起来吧。

一条“72岁老人20年不离不弃照顾全家三个病人”的微博在网上很火,这位老人就是科研专家——魏世杰。

魏老有个很不幸的家庭,他的一双儿女,分别患有智力残疾和精神疾病,生活难以自理,更无法成家立业,因孩子长期患病难以治愈,老伴不堪精神打击得了精神分裂症,后又诱发糖尿病和冠心病。一家四口,三个重症脑疾病人,从儿子先天弱智到女儿、老伴患病至今20多年了,都要依靠这位年过古稀的老人照顾,其压力之大、负担之重,可想而知。

但魏老始终保持乐观精神,对亲人不离不弃,既不怨天尤人,也不向组织伸手。他尽最大努力,悉心照顾着这个不幸的家庭,洗衣、做饭,梳头、洗脸,看病、喂药,陪床、安抚等都亲力亲为。女儿服药两次跳海轻生、儿子弱智多次走失、老伴神神叨叨几次离家,他都费尽周折,一一化险为夷。他头顶几缕银发,冒着汗、弓着腰,以他那颗不离不弃的善心,呵护着重病亲人,以他那个不软不屈的脊梁,撑起这个饱受磨难的家庭,同命运做顽强的抗争。无忧无虑、颐养天年,对别人很简单,但对魏老是一个永远不可实现的“奢侈”的梦想。

2013年,人民网推出视频《科研专家魏世杰,一位父坚强的故事》,腾讯网发表《一个核武老人的悲喜一天》,近百家网站、电视台、报刊转载或报道了魏老的事迹,引起了读者和网友的强烈反响和共鸣。网友称他为“最伟大的父亲,打不倒压不垮的‘父坚强’”。

生活就是一场修行，得到了磨砺，就变得坚强；有了离别，才会感知相聚的喜悦；吃到了苦，才知道什么是甜；经历了失去，才会懂得拥有时的珍惜；经历了失意，才能学会从容地选择；经受了缺憾，才能领略完美的含义。苦乐离合，花开花落，留一份珍重；一路走过，一路安然，一路喜乐，一路菩提花香。

生活给予我挫折的同时，也赐予我坚强。不要因为冬天的寒冷而失去对春天的希望。对于热爱生活的人，它从来不吝啬。酸甜苦辣不是生活的追求，但一定是生活的全部。试着用一颗感恩的心来体会，你会发现不一样的人生。

2.人生低谷，不愤世嫉俗

季羡林曾谈到："愤世嫉俗这个现象，没有时代的限制，也没有年龄的限制。"季羡林自省道："愤世嫉俗的情绪和言论，我也是有的。但是，我又有我自己的表现方式。我往往不是看到社会上的一些不正常现象而牢骚满腹，怪话连篇，而是迷惑不解，惶恐不安。我曾写文章赞美过代沟，说代沟是人类进步的象征。这是我真实的想法。可是到了目前，我自己也傻了眼，横亘在我眼前的像我这样老一代人和一些'新人类''新新人类'之间的代沟，突然显得其阔无限，其深无底，简直无法逾越了，仿佛把人类历史断成了两截。我感到恐慌，我不知道这样发展下去将伊于胡底。我个人认为，这也是愤世嫉俗的一种表现形式，是要不得的，可我一时又改变不过来，为之奈何！我想来想去，觉得还是毛泽东的两句诗好：'牢骚太盛防肠断，风物常宜放眼量。’”

有位年轻人从哈佛大学毕业之后进入了一家规模很小的公司。每天他像所有新入职的年轻人一样从事着简单的工作，因此常常有一种怀才不遇的感觉。他因为得不到重用而终日愁眉苦脸，不停地向身边的亲人和朋友抱怨。

一天，年轻人终于忍不住心中的愤懑前去质问上帝：“命运为什么对我如此不公平？”

上帝沉默不语，不动声色地从地上捡起一颗小石子扔进了乱石堆里，上帝对年轻人说：“请你利用自己的才能和智慧，将我刚才扔掉的石子找回来吧。”

年轻人翻遍了乱石堆，无功而返，他不满地说：“您还没有回答我的问题呢！”

这一次，上帝皱了皱眉头，他走到年轻人身边，摘下了年轻人手上的戒指，再一次扔进了乱石堆。年轻人既吃惊又生气，他没等上帝说话便迅速地跑到石堆旁。这一次，他很快便找到了那枚金光闪闪的戒指。

年轻人怒气冲冲地走到上帝面前，还未开口就听上帝说：“你是那颗石子，还是这枚戒指呢？”

看着面带微笑的上帝，年轻人恍然大悟：当自己是一颗石子，而不是一块金光闪闪的金子时，就永远不要抱怨命运对自己不公平。

当我们抱怨现实对自己不公时，先问一下自己到底是石头，还是金子。有人往往对自己评价过高，一旦受到挫折时，就会觉得自己怀才不遇，从而会产生另外一种极端的想法：对自己评价太低。这真是令人感到遗憾的事。不适当的评估从心理学角度来讲都是非常态的，而且这种预计的结果，常常会致使人们对生活、学习、工作等产生不良的心态。只有恰当的自我认识才能造就美好的人生。

价值从来不需要用牢骚来证明，一个人唯有先征服自己，才有能力征服他人，让别人信任自己。有位作家曾经说过："自己把自己说服了，是一种理智胜利；自己被自己感动了，是一种心灵的升华；自己把自己征服了，是一种人生的成熟。大凡说服了、感动了、征服了自己的人，就有力量征服一切挫折、痛苦和不幸。"所以，当你想要向世界证明自己的能力时，请先让自己相信，你是一个真正有实力的人，而不是一个"抱怨鬼"。

哲人说："苦海即是天堂，天堂也即苦海。"有时候我们明明生活在天堂，却总是觉得自己苦不堪言。而我们意识当中的苦海，却有很多人生活得不亦乐乎。

约翰·库缇斯天生没有下肢，但是他却用双手走遍了世界上190多个国家和地区，被誉为"世界上最著名的残疾人演讲大师"。此外，他是全大洋洲残疾人网球赛的冠军，是游泳健将，甚至还会用两只手开汽车。

有一次，在12000余名听众雷鸣般的掌声中，他用双手撑地，一步步地走上了主席台。

"大家好！"打过招呼，库缇斯拿起了桌子上的矿泉水瓶子，边比画边说："从一出生我就是个悲剧，当时我只有矿泉水瓶这么大，两腿畸形，医生断言我活不过当天，可我活到了现在，35岁的我依然健在，而且经常在世界各地旅行……"

库缇斯一口气讲了半个小时，其间，观众们的掌声几乎就没停过。最后，库缇斯突然举起手里的一件东西说："我非常感谢青岛朋友的热情招待，我住的宾馆条件非常好，但有一样东西让我不知所措，服务生却每天都会把它放在我的床头。"说完，库缇斯把他说的东西扔向了听众席，原来是一双一次性拖鞋。

听众席一片肃静。

"如果你能穿拖鞋的话，你是幸运的，你是没资格抱怨的！不是每个人都能够穿拖鞋的！"库缇斯大声说。听众席上立即爆发出一连串的喝彩声，紧接着是长久的掌声。

古人云："天行健，君子以自强不息。"整天抱怨生活不如意，不但改变不了现实，而且还会让自己越来越痛苦。人要快乐，就要停止抱怨，要改变自己。

生活中如果常常因为一点不顺心的事就抱怨，能否改变这个糟糕的现实？最关键的是，它能让你快乐吗？你是想让别人怜悯自己，还是让别人觉得自己懦弱无能呢？

过多的抱怨，不仅会让自己生活在痛苦之中，还会阻碍自己的发展。遇到点儿挫折便怪这怪那，怨天尤人、唠唠叨叨，自己的心情一团糟，还会消极地影响别人。谁愿意与这样的人交往呢？换一种心情对待不如意的事情，同一件事，角度不一样，想法不一样，可能得出来的观点也不一样。

3.没有压力，哪来的拼搏

季羡林90岁的时候，有许多电台、报刊方面的朋友约稿，对此他也有压力。季羡林在《论压力》一文中，对压力给予了阐述：没有压力，就没有了拼搏的动力。

是不是每一个人都有压力呢？我认为，是的。我们常说，人生就是一场拼搏，没有压力，哪来的拼搏？佛家说，生、老、病、死、苦，苦也就是压力。过去的国王、皇帝，近代外国的独裁者，无法无天，为所欲为，看上去似乎一点压力都没有。然而他们却战战兢兢，时时如临大敌，担心边患，担心宫廷政变，担心被毒害、被刺杀。他们是世界上最孤独的人，他们的压力比任何人都大。大资本家钱太多了，担心股市升降、房地产波动，等等。至于吾辈平民老百姓，“家家有一本难念的经”，这些都是压力，谁又能逃得开呢？

压力是好事还是坏事？我认为是好事。……对一般人来说，法律和其他一切合法的规章制度都是压力。然而这些压力何等好啊！没有它，社会将会陷入混乱，人类将无法生存。这个道理极其简单明了，一说就懂。我举自己做一个例子。我不是一个没有名利思想的人——我怀疑真有这种人，过去由于一些我曾说过的原因，表面上看起来，我似乎是淡泊名利，其实那多半是个假象。到了今天，我已至望九之年，名利对我已经没有什么用，用不着再争名于朝，争利于市，这方面的压力没有了。但是却来了另一方面的压力，主要是来自电台采访和报刊以及友人约写文章。这对我形成了颇大的压力。以写文章而论，有的我实在不愿意写，但碍于面子，不得不应。应就是压力，于是“拨冗”（于繁忙中抽出时间）苦思，往往能写出有点新意的文章。对我来说，这就是压力的好处。

遭遇风暴的时候，经验丰富的船长都会立刻打开货舱，往里面灌水。随着货舱里的水位越升越高，随着船一寸一寸地下沉，依旧猛烈的狂风巨浪对船的威胁却一点一点地减少，货轮渐渐平稳了。百万吨的巨轮很少有被打翻的，被打翻的常常是根基轻的小船。船在负重的时候，是最安全的；空船时，则是最危险的。这就是“压力效应”。那些得过且过，没有一点压力，像风暴中没有载货的船，往往一场人生的狂风巨浪便会把他们打翻。而那些有负荷的人，却不会轻易被风浪击倒。

压力不可怕，就怕没压力！永远不要说自己尽力了，人的才能都是被逼出来的，当一个人被逼到绝路上时，他就会奋力抓住每一丝希望，克服自卑、惰性，全力以赴！

一条猎狗跟随着主人外出打猎，发现了一个兔子窝，于是准备扑上去将它叼到主人面前邀功领赏。但是，机灵的兔子很快就意识到了自己的危险处境，拔腿就跑。猎狗一直跟在兔子的后面追赶它，可是追了很远仍未抓到。

猎狗一无所获，垂头丧气地回来了，牧羊人见此情景，讥笑猎狗说：

“和兔子相比你要大而有力得多，但是兔子反倒比你跑得快，你真是没有用，今天的午餐你就不用吃了。”

猎狗听后立即回答说：

“主人，你有所不知。虽然我们都在跑，但是我和兔子的跑是完全不一样的！我仅仅为了一餐饭而跑，而它却是为性命而跑啊。”

主人听后笑笑说：

“那我告诉你，如果你再捉不到猎物，我就把你当猎物处理。”

从那之后，猎狗跑得比以前快了许多。

“井无压力不出油，人无压力轻飘飘。”压力是每个人生命中都会遇到的常态，不能回避，也不能逃避。“躲进小楼成一统，管他春夏与秋冬”的心态只能是麻痹自己的自我欺骗，是自欺欺人的唯心之论。无论你承认与否，压力就在我们面前，它让你无处躲闪，无处藏身。

压力面前采取什么态度，关系到一个人的人生哲学与人生价值。那些勇于面对压力、善于把压力化为动力的人，通常是人生异常丰满、乐观旷达、积极向上，充分体会到生命意义的人；反之，那些逃避现实，推诿困难，不敢直面压力的人，一般是悲观厌世、行为消极、拈轻怕重，不思进取的人。他们的人生必将干瘪暗淡，他们的生命必将缺乏光彩。

4.自助者天助之

从一个农民的儿子考入清华大学西洋文学系，成为名闻遐迩、精通12国语言的学术大师；从山东临清县一个既穷又小的官庄走向了世界，走遍了几个大洲，几十个国家，季羡林的每一步都是慢慢努力得来的，困难时的自助，才会得天助。

季羡林在自传中写道："三年高小，平平常常。有一件事值得提出来谈一谈：我开始学英语。"当时正规小学并没有英语课，10岁的季羡林在叔父的安排下，课余参加了两个学习班：一个古文学习班，一个英文学习社。从高小到中学，季羡林下课后先是参加古文学习班，读了《左传》《战国策》《史记》等书，晚上又到英文学习社学习，一直到深夜10点。天天连轴转，持续了8年时间。季羡林说："英语学的时间不长，只不过学了一点语法、一些单词而已。""万万没有想到，就由于这一点英语知识，我在报考中学时沾了半年光。"学校考试时出的题目是汉译英："我新得了一本书，已经读了几页，可是有些字我不认得。"季羡林翻译了出来。结果他被录取，不是一年级，而是一年半级。

季羡林由于有课余参加英文学习社的底子，在高中英文的学习上，别的同学很难同他竞争，这让他在领先之余，还能轻松学习德文。古文的良好基础，让他在正谊高中的第一篇作文《读〈徐文长传〉书后》大大"出彩"，受到了国文老师的高度赞扬，使他对古文产生了浓厚的兴趣，阅读范围广而杂。他说："这对我以后的工作起了积极的影响。"正是这些，季羡林在高中三年的学习中，六次考试，考了六个甲等第一名，成了"六连冠"。

俗话说“靠别人的火取不了暖，看人家吃饭填不饱肚子”。一个人若不肯自助，不能自动自发不懈奋斗和努力，终将一事无成。

一名虔诚的佛教徒遇到了难事，便去寺庙里求拜观音。走进寺庙里，意外发现观音像前已经有一个人在拜。那人长得和观音一模一样，丝毫不差。“你，是观音吗？”“是”那人答道。“那你为何还拜自己？”教徒不解地问。“因为我也遇到了难事。”观音笑道，“可我知道，求人不如求己。”

我们一生下来，就拥有了一个或优或劣的起步环境。客观地说，这是没办法的事。但有一点可以肯定，那就是我们可以靠自助来改变环境，不论境况如何艰苦，地位如何低下，生存如何困难，也不能放弃，不可丧失生活信念。所谓“自助者天助”，“自助”就是不放弃努力，“天”就是机遇和成功的好运。只有自助，天才可助之；人不自助，天将弃之。

一位老人不远万里来到美国，在一家餐馆想找点东西吃，他坐在空无一物的餐桌旁，等着有人来为他点菜。但是没有人来，他等了很久，直到他看到有一个女人端着满满的一盘食物过来坐在他的对面。

老人问女人怎么没有侍者，女人告诉他这是一家自助餐馆。果然，老人看见有许多食物陈列在台子上排成长长的一行。“你可以随便选择你喜欢吃的菜，等你选完，然后去结账就行了。”女人告诉他。

老人说，从此他知道了在美国做事的法则：在这里，人生就是一顿自助餐。只要你愿意付费，你想要什么都可以，你可以获得成功。但如果你只是一味地等着别人把它拿给你，你将永远也成功不了。你必须站起身来，自己去拿。

自助，就意味着你要靠自己，这个世界上所有美好的东西都需要我们主动去争取。没有成功会自动送上门来,幸运女神从来不会垂青于守株待兔的人。

在生活中,我们常常看到这样的例子:两个人一同大学毕业,但是几年后,两个人的境况却有天壤之别;我们也常常看到一些成功者和失败者的例子:有人才华横溢却无出头之日,有人却能大展身手、游刃有余……才华固然重要,但是,才华不等于成功。唯有那些主动出击、善于创造机会和把握机会的人,才有可能从最平淡无奇的生活中找到一丝机会,用积极的行动改变自己的处境,使自己的人生之船到达理想的彼岸。

5.走过不幸,便是幸福

季羡林少年时家庭贫穷是不幸,中年被“改造”是不幸,但能被认可为国学大师,就是不幸后的幸福。

现在,很多人活得很累,过得也不快乐。其实是没有认清幸福多在不幸之后,正如黑暗后才有光明。再重的担子,笑着也是挑,哭着也是挑。再不顺的生活,走过了,便是幸福。

有个商人因为经营不善而欠下一大笔债务,由于无力偿还,他因此萌生了结束生命的念头。他独自来到亲戚的农庄拜访,享受最后的恬静生活。

当时,正值八月瓜熟时节,田里飘出的阵阵瓜香吸引了他。守着瓜田的老人看见他到来,便热情地摘了几个瓜果,请他品尝。

老人给他讲起了种瓜的过程："四月播种，五月锄草，六月除虫，七月守护……"

原来，他大半生都与瓜秧相伴，流了不少汗水，也流过许多泪水。曾经就在瓜苗出土时，便遭遇旱灾，但是为了让瓜苗得以成长，老人家即使每天来回挑水也不觉得辛苦。

又有一年，就在收获前，一场冰雹来袭，打碎了他的丰收梦；还有一年，金黄花朵开得相当茂盛，然而，一场洪水却让这一切都泡汤了……

老人说："人和老天爷打交道，少不了要吃些苦头或受些气，但是，只要你能低下头，咬紧牙，挺一挺也就过去了。因为，最后瓜果收获时，仍然全部都是我们的。"

商人大悟，翌日便踏着坚毅的步履离开了农庄。

五年后，他在城市里重新崛起，他的企业成为所在行业的龙头企业。

生物学家发现，飞蛾在由蛹变成幼虫时，翅膀萎缩，十分柔软。在破茧而出时，必须经过一番痛苦的挣扎，身体中的体液才能流入翅膀，翅膀才能坚韧有力，支持它在空中飞翔。

生物学家曾尝试用一把小剪刀，把茧上的丝剪一个小洞，好让飞蛾摆脱束缚容易一些。果然，不一会儿，飞蛾就从茧里很容易地爬了出来，但它的身体非常臃肿，翅膀也异常萎缩，耷拉在身体两侧伸展不起来。那只飞蛾跌跌撞撞地爬着，怎么也飞不起来。

没有经历痛苦洗礼的飞蛾，脆弱不堪。人生没有痛苦，就会不堪一击。正是因为有痛苦，所以成功才那么美丽动人；因为有灾患，所以欢乐才那么令人喜悦；因为有饥饿，所以佳肴才让人觉得那么美味。正是因为有痛苦的存在，才能激发人生的力量，使我们的意志更加坚强。

瓜熟才能蒂落，水到才能渠成。和飞蛾一样，人的成长必须经历痛苦挣扎，直到双翅强壮后，才可以振翅高飞。

埃尔西是犹太人,他的母亲常挂在嘴边的一句话是“巴谢特”。意思是:“这是上天的安排,生活总会苦尽甘来。”年幼时,埃尔西因无法付学费而辍学。“别着急,”她母亲说,“说不定好事还在后头呢!”

埃尔西在一个小型家装物品公司工作。在这里,他常看到不少自己动手装饰和修补住房的人来买各种家装必需品,但他们不可能在一处一次就买齐。他想:如果能有一家大商场,把所有的家装材料店全都包括进来,顾客岂不更方便?

他把想法对其老板说了,但老板认为埃尔西过分炫耀自己的聪明,便解雇了他。

“我该怎么办?我如何才能重新找到工作?谁需要已进入中年的我?我怎么才能付清家庭开支的账单?”埃尔西当时有两个孩子正在上大学,另一个在读高中。他向银行借的大笔抵押贷款必须按期归还。他根本承受不起解雇。“我在‘便民公司’埋头苦干多年,为什么这种事偏偏发生在我身上?”

这时,埃尔西想起了母亲的那句口头禅。于是,埃尔西决心自己当老板,着手实现创建一个大型家装材料总汇超市的构想。他的这个超市将面向人口众多的工薪阶层,他们是自己动手搞家装的主力,他这样做,正好为他们提供了及时的、恰到好处的帮助。

埃尔西找到几个和自己志同道合的合伙人。于是,一个大型家装材料公司应运而生,后来业务遍及全美国。

有诗偈云:“真金须是红炉锻,白玉还他妙手磨。”即是告诉我们要想渡过难关,必须能忍得了磨难、受得住压力、吃得了苦头。

难关来了,不必慌张。无论多大的难关,都是因缘生灭,总会随着时间过去。只要你能守得住、顶得住,就能过得去。如果难关来了你畏惧,困难来了你推诿,就无法成事了。愈是困难愈不要推诿,肯担当、能负责,自然会渡过难关。

"靠山山倒，靠人人老"，要想渡过难关，最重要的是自己肯吃苦，能不怕苦、不怕难，有这样勇敢的精神，困难往往会慢慢消失退却，最终苦尽甘来，化险为夷。

6.苦中不失其乐

童年时代的季羡林，关于吃的记忆最刻骨铭心的是一小块月饼和一土罐牛肉汤。在某一年的秋天，季羡林捡麦子的成绩"超常"，捡得特别多，季羡林的母亲不知道从哪里搞到一小块月饼给他吃。在母亲慈爱的目光下，季羡林先生是怎么吃的呢？其原话是："蹲在一块石头旁边，大吃起来。在当时，对我来说，月饼可真是神奇的好东西，龙肝凤髓也难以比得上的，我难得吃上一次。"

季羡林还曾写道："老娘家穷，虽然极其疼爱我这个外孙，也只能用土罐子，花几个制钱，装一罐子牛肉汤，聊胜于无。记得有一次，罐子里多了一块牛肚子。这就成了我的专利。我舍不得一气儿吃掉，就用生了锈的小铁刀，一块一块地割着吃，慢慢地吃。"这只不过是一块小小的牛肚，对于童年的季羡林先生而言，已是无尽的乐子。

20世纪50年代，中国文史馆馆员聂绀弩先生，被打成"右派"到北大荒劳动改造，从事最原始、最繁重的体力劳动。

一次盛夏时节被迫冒雨和另一位大学者国务院参事万枚子去掏粪，面对既脏又累的体力劳动，他居然写了首《清厕》诗："君自舀来仆自挑，燕昭台畔雨潇潇。高低深浅两双手，香臭稠稀一把瓢。白雪阳春同掩鼻，苍蝇盛夏共弯腰。澄清天下吾曹事,污秽成坑肯便饶?”

他把掏粪比作燕昭王的黄金台,并用调侃的笔调写下了掏粪的过程,结尾又上升到“澄清天下”。冷眼中含热情,朴素中蕴工巧,劳累中透轻松,苦难中找乐趣!人有这样的心境和情操,还有什么苦不能吃,有什么困难不能战胜呢?

“苦中有乐,乐中有苦”,苦与乐是没有一定分界线的。何谓苦、何谓乐呢?这些无不都是依据每个人所养成的心理状态而言的,对身心感受而产生的妄想、妄见。如果符合自己的意念,满足了自己的欲望,那么就认为是快乐;如果不符合自己的习气,没有满足自己的欲望,则就认为是苦。其实,苦乐在心。

宋代大诗人苏东坡,因莫须有的罪名被贬惠州,写诗云:“白发萧散满风霜,小阁藤床寄病容。报道先生春睡美,道人轻打五更钟。”这首诗传到京城,宰相看到后说:“苏东坡还那么高兴?那就再到一个更偏僻的地方吧。”于是苏东坡在62岁那年又被贬到儋州。在“食无肉,病无药,出无友,冬无炭,夏无寒泉,气候炎热潮湿”的艰苦条件下,他依然自乐:“寂寂东坡一病翁,白须萧散满霜风。小儿误喜朱颜在,一笑哪知是酒红。”

做人一定要豁达、坦荡,顺境中莫忘感恩,逆境中学会找乐。无论身处哪里,遭遇什么,想得开都是好时光。

有位古稀之年的老人因胃癌开刀后化疗掉头发,儿女们不敢在老人面前提及头发的事,可是老人却毫不在意,主动要把头发剃光,成了“葫芦头”。看到院里的葫芦,作了一首小诗:“葫芦丝瓜真茂盛,葫芦架下‘葫芦’行。风吹葫芦碰‘葫芦’,葫芦不疼‘葫芦’疼。”这首小诗把全家人和邻居们都逗乐了,由于老人能乐观面对疾病,手术后多年身体依然很硬朗。

如今流行“乐活”，乐活如同清新的空气，给生活增添了更多生机盎然的绿意。人生能够吃甜不算什么，能以苦为乐，在苦中品出乐才算厉害。

巴尔扎克是法国现实主义作家的代表。他一生共完成了九十本长篇小说，平均每天工作十二小时以上。每天深夜十二点时，仆人就会叫醒他，他穿上白色修道服，立刻奋笔疾书。一般他会连续写五六个小时，直到累到极点才会离桌休息。

巴尔扎克是举世公认的观察和剖析人性的高手，但在现实生活中，他却不太精明。在年轻时，他曾经商失败，欠下了六万法郎的债务。等他成名后，尽管收入不菲，但由于奢侈浪费，最后弄得入不敷出。在这段日子里，还发生一桩趣事。

有一天晚上巴尔扎克醒来，发觉有个小偷正在翻他的抽屉，他不禁哈哈大笑。小偷问道：“你笑什么？”

巴尔扎克说：“真好笑，我在白天翻了好久，连一毛钱也找不到，你在黑夜里还能找到什么呢？”

小偷自讨没趣，转身就要走。巴尔扎克笑着说：“请你顺手把门关好。”

小偷说：“你家徒四壁，关门干什么啊？”

巴尔扎克幽默地说：“它不是用来防盗，而是用来挡风的。”

巴尔扎克曾自诩要超过拿破仑：“他的剑做不到的，我的笔能完成。”他的确做到了，可惜他只活了五十岁，留下许多未完成的作品，成为全人类巨大的损失。

“苦中有乐，乐中有苦”。人不可能总是一帆风顺，如果一个人处于顺境，事事都称心如意的时候，自己也不要洋洋得意，甚至于忘乎所以，这样常常会乐极生悲。处于逆境也不要过度悲观，细细品味，苦中也不失其甜。就像吃苦瓜,加点泡椒、豆豉,旺火爆炒,入口是苦,过后甜从苦中慢慢浸出来,是真正的甜。

日子本来就没什么明显的苦甜之分，你感觉苦就苦，你感觉甜就甜。孔子的一生,可谓历经了千辛万苦。但阅读《论语》,人们看不到一个苦字。《心经》曰:“心无挂碍,度一切苦厄。”面对人世间的困境,中国人创造了乐感文化。以苦为乐,变苦为乐,体现了人生的真谛,展示了人性的光辉。

淡泊,名利于我如浮云

1.拂去虚名的尘埃:不做国学泰斗

乾隆皇帝下江南的时候,问镇江金山寺寺中高僧法盘:“长江中船只来来往往,这么繁华,一天到底要过多少条船啊?”法盘回答:“只有两条船。”乾隆问:“怎么会只有两条船呢?”法盘说:“一条为名,一条为利,整个长江中来往的无非就是这两条船。”然而,真正受后世敬仰的往往都是那些不图虚名、实利,一心一意做学问的人。

季羡林在备受关注的《病榻杂记》中三辞桂冠。季羡林说“三顶桂冠一摘,还了我一个自由自在身。身上的泡沫洗掉了,露出了真面目,皆大欢喜。”以下是《病榻杂记》中的部分:

说到国学基础,我从小学起就读经书、古文、诗词。对一些重要的经典著作有所涉猎。但是我对哪一部古典、哪一个作家都没有下过死工夫,因为我从来没想成为一个国学家。后来专治其他的学术,浸淫其中,乐不可支。除了尚能背诵几百首诗词和几十篇古文外；除了尚能在最大的宏观上谈一些与国学有关的自谓是大而有当的问题比如天人合一外，自己的国学知识并没有增加。环顾左右，朋友中国学基础胜于自己者，大有人在。在这样的情况下，我竟独占“国学大师”的尊号，岂不折杀老身（借用京剧女角词）！我连“国学小师”都不够，遑论“大师”！

为此，我在这里昭告天下：请从我头顶上把“国学大师”的桂冠摘下来。

……

我一生做教书匠，爬格子，在国外教书十年，在国内五十七年，人们常说：“没有功劳，也有苦劳。”特别是在过去几十年中，天天运动，花样翻新，总的目的就是让你不得安闲，神经时时刻刻都处在万分紧张的情况中。在这样的情况下，我一直担任行政工作，想要做出什么成绩，岂不戛戛乎难矣哉！我这个“泰斗”从哪里讲起呢？在人文社会科学的研究中，说我做出了极大的成绩，那不是事实。说我一点成绩都没有，那也不符合实际情况。这样的人，滔滔者天下皆是也。但是，现在却偏偏把我“打”成泰斗。我这个泰斗又从哪里讲起呢？

为此，我在这里昭告天下：请从我头顶上把“学界（术）泰斗”的桂冠摘下来。

在中国，一提到“国宝”，人们一定会立刻想到人见人爱憨态可掬的大熊猫。这种动物数量极少，而且只有中国有，称之为“国宝”，它是当之无愧的。

我浮想联翩，想探寻一下起名的来源。是不是因为中国只有一个季羡林，所以他就成为“宝”。但是，中国的赵一钱二孙三李四等等，也都只有一个，难道中国能有十三亿“国宝”吗？

为此，我在这里昭告天下：请从我头顶上把“国宝”的桂冠摘下来。

现实社会五光十色，充溢着各式各样炫人耳目的诱惑。对于金钱、名利、地位这些东西，很多人嘴上说“视为粪土”，但内心还是“看不破，忍不过；想得到，做不来”。对于名利，他们忍不住还要去争一争、抓一抓。结果实在是得不偿失。

庄子曰:“至人无己,神人无功,圣人无名。”意思是,修养最高的人忘掉自我,修养较高的人无意追求功业,有学问道德的人无意追求名声。智慧的人不被虚名左右,也不会被虚名所累。

居里夫人是世界上唯一两次获得诺贝尔奖的女科学家,但她生活却很俭朴。各种勋章、奖章是荣誉的象征,是许多人梦寐以求的宝物,可居里夫妇视之如废物。

1902年,居里先生收到了法兰西共和国大学理学院的通知,说是将向部里提出申请,颁发给他荣誉勋章,以表彰他在科学上的贡献,务请他不要拒绝。

居里先生和夫人商量以后,写了一封复信:“请向部长先生表示我的谢意,并请转告,我对勋章没有丝毫兴趣,我只亟须一个实验室。”

居里夫人的一位朋友应邀到她家做客,进屋后看见居里夫人的小女儿正在玩弄英国皇家协会刚刚授予居里夫人的一枚金质奖章,惊讶地说:“这枚体现极高荣誉的金质奖章,能得到它是极不容易的,怎么能够让孩子玩呢?”

居里夫人却说:“就是要让孩子从小知道荣誉这东西,只是玩具而已,只能玩玩,绝不可以太看重它,如果永远守着它,就不会有出息。”

人生在世不为名誉、金钱、地位所累,则人间自有逍遥在,那就是——品格修养极好的人,明白为人处世的最高道理。在他们看来,名利皆是虚浮之事,也是身外之物。应该实实在在地生活,不要为了一个虚名而活,活得不失去自己,不让虚名左右自己的人生。

2.以平常心对待名利

季羡林穿着极其朴素,曾多次被人看成是学校里的老工人,并不是他没有钱过日子,而是将钱看淡了。早在几年前,季羡林便向北大捐赠了一批艺术珍宝,其中仅仅是古字画就有四百多幅,都是来自于他本人的珍藏。他收藏的底线是齐白石,这些收藏当中甚至有苏东坡的《御书颂》,其价值过亿。

诚然,名利能给人带来巨大的物质利益,能满足人的面子思想。但如果过分地追名逐利,肯定会给人带来无尽无休的苦恼。

彭德怀在1959年秋天含冤离开中南海时,他的警卫把他的元帅服、常服、军衔、勋章、照相机、狐皮大衣、名人字画,以及许多国家元首赠送的珍贵礼品全部整理好,准备装箱带走,但彭总却不屑一顾地说:“哎!身外之物,生不带来,死不带去,赤条条来去无牵挂。凡是当老百姓用不着的东西,我都不要了,统统上缴!”最后,他仅留下一大堆书籍。

《名利场》中的女主人丽蓓卡·夏普一生都是在不断追求功利中度过的,但到最后,她的一切心机全白费了。作者在全书的结尾以感伤而又无奈的语气说道:“浮名浮利,一切虚空,我们这些人里面谁是真正快活的?谁是称心如意的?就算当时遂了心愿,以后还不是照样不满意?”

有一天,禅师正在院子里锄草,迎面走过来三位信徒,向他施礼说:“人们都说佛教能够解除人生的痛苦,但我们信佛多年,却并不觉得快乐,这是怎么回事儿呢?”

禅师放下锄头，慈祥地看着他们说：“想快乐并不难，首先要弄明白人为什么活着。”

甲说：“吃穿不愁，子孙满堂就可以了。”

乙说：“我现在拼命地劳动，就是为了良田万顷，富甲一方。”

丙说：“我活着是为了成为风云人物，万世传扬。”

禅师笑着说：“怪不得你们得不到快乐，你们想到的只是占有财富、功名。那你们说有了什么才能快乐呢？”

甲说：“有了名誉，就有一切，就能快乐。”

乙说：“有了金钱，就能快乐。”

丙说：“对。”

禅师说：“那我提个问题：为什么有人有了名誉却很烦恼，有了金钱却很忧虑呢？”

信徒们无言以对。

禅师说：“功名为身外之物，生不带来，死不带去。要想活得自在，就要把名利看淡。”

《红楼梦》有首《好了歌》中道：“世上都晓神仙好，唯有功名忘不了；古今将相在何方，荒冢一堆草没了；世上都晓神仙好，唯有金银忘不了。终朝只恨聚无多，及到多时眼闭了。”与其人生以这样结局，不如淡泊一些。

“非淡泊无以明志，非宁静无以致远”，古人这寥寥数语，道出了人生的真谛。淡泊名利，是一种佳境；追逐名利，是误入歧途。淡泊名利，可能平凡，但还不至平庸；追逐名利，可能会风光，但心灵不会自由。

金钱、地位、房子、车子……太多的诱惑、太多的欲望，给现代人带来了太多的痛苦。不如以平常心为人处世，如知足常乐。得之泰然，不惊不喜；失之淡然，不悲不怒。

3.不求名利名自来

季羡林被称为国学泰斗,得荣誉无数。在德国留学期间,季羡林的多篇论文就受到国际学术界高度评价。回国后,他创办东方语言文学系,出版一百多部著作,主持编撰《四库全书存目丛书》《传世藏书》等极具中华传统文化价值的丛书,在我国学术界有着举足轻重的地位。

季羡林名扬四海,但对名利的态度却很淡泊,"出点小名,小有得意,却诚惶诚恐。"面对既得荣誉和地位,他想到更多的是责任,即使在晚年身体羸弱,在医院养护之时,还惦念外边的工作。这惦念不是因为令人羡慕的待遇,而是"我兼了几个职位,要处理一些事情"。

季羡林没有处心积虑地追逐名利,只有淡然和诚恳,而不求名利的心态则为季羡林带来更多的尊崇与敬意,不求名利名自来。

有一位小沙弥,从小就立下了修行成佛的宏愿。可是,他总是想不通,自己投身佛门已三年,师父既不教诵经,又不让拜佛,总是让自己上山砍柴。要是一直这样,自己要到何年何月才能悟道呢?

一天,小沙弥像往常一样上山砍柴,可他脑子里总想着怎样悟道。突然一只罕见的动物来到了他的眼前,小沙弥好奇地问:"你是什么动物,叫什么名字,怎么长得这样奇怪?"

那只奇怪的动物回答:"我叫'悟'。"

小沙弥一听心中非常高兴,心想:"好极了,它就是'悟',我不正想要悟吗?我非把它抓住不可。"

没想到那叫"悟"的动物立刻说:"好啊!你一看到我,就想抓住我,我不会让你得逞的。"

小沙弥吓了一跳，心想："它居然知道我在想些什么。这样吧，我就装作什么都不知道，趁它不注意时再去抓住它。"

不料，"悟"又开口说道："你以为我不知道吗？想趁我不备将我抓住吧！告诉你，行不通的。"

小沙弥无奈之下，决定不再多想，便一心一意地砍起柴来。不料，小沙弥手上一用力，只听"咔嚓"一声，斧头柄断了。断了的那一段飞了出去，不偏不倚地正好砸在了"悟"的头上，一下子把它打晕了过去。

小沙弥意外地捉住了"悟"，心中很是高兴，也明白了一个道理：原来想要开悟，首先不能执着于开悟，而应该在生活中慢慢累积。

古人云："名利只是衣冠冢"，一切功名利禄都是过眼云烟，对利益过于急迫的追逐，往往会错过最有价值的东西。

王符的《潜夫论》说："大人不华，君子务实。"王守仁的《传习录》说："名与实对，务实之心重一分，则务名之心轻一分。"这些思想，就是中国文化注重现实、崇尚实干精神的体现。凡事都要脚踏实地去做，不弛于空想，不骛于虚声。以此态度求学，则真理可明，以此态度做事，则功业可就。

基尔霍夫每天坐在实验室对着窗外射进的阳光默默发呆，同事问他："先生，你每天在研究什么？"基尔霍夫说："我在研究太阳上有没有金子。""你是想从太阳上得到金子吗？"同事讥笑道，"如果得不到，你的研究有什么价值呢？"基尔霍夫仍然继续他的研究。终于，他宣布，太阳光中存在七种色光，通过红、黄、蓝光谱的不同组合，能形成世界上的任何一种颜色。他拿着刚获得的金质奖章给同事看，诙谐地说；"你瞧，这就是我从太阳上得到的金子。"

作家莫言说："有正常的功利心是应该的，但把自己的写作完全锁定在功利上很难写出好的作品。因为创作时头脑中杂念太多,创作的过程中肯定会有世俗的、商业化的、媒体的复杂因素掺杂进去。我觉得写小说最应该保持一种平常的老百姓的心态,就是为了写小说而写小说,至于写出来以后是否畅销,是否受到影视导演的青睐,是否被改编为影视剧,完全是以后的事。"不止是写作,做任何事,功利心太强,都难有好的结果。

一个商人在回乡的途中,发现路边有只金黄色的小鼠狼,模样甚为可爱。他自言自语道:"唉,这趟出门这么久,也来不及给家里的丫头买个礼物,不如把这只小鼠狼送给她好了。"商人小心翼翼地把金鼠狼揣入怀里。

眼前出现一条小溪流,他一边把裤管卷高,一边把随身的行囊都仔细绑妥,扛在肩上,战战兢兢地涉水而过。几次踩上长了青苔的石头差点儿滑倒,他不忘揣紧衣襟,怕把金鼠狼弄掉,手探入胸口时,摸到的竟然不是毛茸茸的小家伙,而是滑溜溜的东西……

他停下来定睛一看,立刻冷汗直流,'天啊,怎么是一条蛇!'他下意识把衣襟拉开,想迅速摆脱这个凶神恶煞时,猛一回神:水这么急,这条蛇掉进水里,肯定会被淹死的。

他觉得伤天害命的事绝不能做,终于走到溪流的对岸,急忙把衣襟扯开,让怀里的毒蛇赶快离开时,扑通!滚落在沙石间的竟然不是那条毒蛇,而是一锭黄澄澄的金块。

这时,有个乡人走近了,看商人自言自语又笑个不停,好奇地打听发生了什么事。商人就把毒蛇变黄金的惊险渡河过程说给乡人听。乡人既羡慕又嫉妒,心想:我在这儿住了这么久了,怎么没遇过这等好事呢?

待商人走远了,乡人急忙窜进溪边竹林里,寻觅了许久,终于发现一条小毒蛇,他小心翼翼地用布包着,放入怀里,匆忙地奔到溪边,想如法炮制，把毒蛇变成黄金。

但是，他一脚才跨入溪里，胸口猛然一阵椎心刺痛，毒蛇迅速从他胸口窜出，一溜上岸。乡人两脚无力地倒在了溪水中。

《庄子》中有云："故目之于明也殆，耳之于聪也殆，心之于殉也殆。凡能其于府也殆，殆之成也不给改。祸之长也兹萃，其反也缘功，其果也待久。"意思是，眼睛一味地追求超人的视力也就危险了，耳朵一味地追求超人的听力也就危险了，心一味地追求外物也就危险了。

真正的福是自然而然的，就像火点上了，灰自然就有了。没有特意去积财，就没有积财过程中的烦恼和痛苦；没有特意去守财，就没有守财过程中的烦恼和痛苦。真正的福报是自由自在的。若是不自在的，纵然有了也不是福。

4.知足才能富足

《道德经》中有"知足者富"之说，意思是知足的人才会富足，这里的"富"有快乐、平安之意。真正富有的人是谁呢？答曰："富而不知足，是亦为贫苦。虽贫而知足，是则第一富。"这样的人，才能守住自己的家园，才有家。

季羡林说："中国有一句老话：'知足常乐'为大家所尊奉。什么叫知足呢？还是先查一下字典吧。《现代汉语词典》说：'知足，满足于已经得到的(指生活愿望等)。'如果每个人都能够满足于自己所得到的东西，则社会必能安定，天下必能太平，这个道理是显而易见的。可是社会上总有一些人不安分守己。这样的人往往要栽大跟头的。对他们来说‘知足常乐’这句话成了灵丹妙药。”

吕洞宾云游四方，见一家客店的女主人在无精打采地搓草绳。上前一问，原来这位女店主开店却没人住，终日愁眉不展。

吕洞宾心存善念，就说：“让我住到您的店里来吧！一个月后您就发财了。”女店主高兴地答应了，一天早上趁吕洞宾正要外出之际女主人上前拦住他：“你说住进我的店能让我发财，眼看一个月快到了，账上不见分文，这样下去，我只有饿死了！”

吕洞宾眉头一皱，说：“你后院水井已经变成酒泉，用时你就可以去打了。”女店主一听，马上跑到后院，果然酒香扑鼻，向井里一看，果然，美酒四溢，还咕嘟嘟冒泡。女店主赶忙打上半桶一尝，真是浓香芳醇的美酒。从此，她把旅店改成酒店，买卖十分兴隆。

三年一晃过去了，吕洞宾又来到这个小镇上。只见他三年前住过的小店铺已全部翻新，几个卖酒的伙计进进出出，打发着各处来的顾客，非常忙碌。吕洞宾问女店主：“你还认得我吗？”女店主一怔，忙起身满面春风地招呼他。

吕洞宾接着问：“现在发财了，你该满意了吧，还缺什么吗？”，她一脸愁容，摇摇头说：“要说缺的东西还多着哩：猪缺个圈，牛缺个槽，马棚还缺把挖料勺。”

吕洞宾听了哭笑不得，把拂尘一甩，正色唱道：“登了金銮殿，还想上天桥，井水做酒卖，还说牛无槽，人心不足蛇吞象，无底的胃口填不饱。酒泉该干了！”说罢，扬长走出店外。

女店主忙跑到后院一看，果然酒井干涸了。后来，没过几年，女店主又以搓草绳为生了。

现代人，常常难以自安，因为幻念无穷无尽，欲望无际无涯。所以，难以享受到这样的感觉——自己的生命如江面一叶扁舟，上面无所承载，无欲望之沉重，随心而行，轻松逍遥。反而，人们的心灵因附带和承载的东西太多，如双溪舴艋舟，载不动，许多愁。究其原因，就是没有一颗知足的心。有了贪念，就永远不能满足，不满足就会感到欠缺。

现实社会，有很多人正是因为欲壑难填，而不惜铤而走险，结果落个身败名裂。旁人感叹说："要是他早一点收手，大概也不会走到这一步了！"可一旦受贪欲支配，又哪里会知足，哪里会收得住手呢？

早年间，有一大户人家。夫妻二人闲来无事，就打赌，夫说：世间人该有知足的。妻说：我看没有这样的人。

夫来到一桥上，就听有人唱：有稀又有干，吃得冒热汗，人要能知足，活过天上仙。

夫于是把此人领回家里，告诉家人，就叫他知足。从此知足衣食不愁，又有住地，可他闲不住每天家里脏累活都是他干。转眼一年过去了，知足是无要，无求。夫这才对妻说：如何？妻道：我看不一定吧。

妻就想：世间有，酒、色、财、气。我就不信他一样不爱？妻在家里的丫头里亲选了一位叫腊梅的，这丫头可不一般。模样美、身材好，又善解人意。妻对她是如此这般的教了一通，于是，引出一段知足老爷与腊梅的故事。每天里腊梅是时时、事事、处处不离知足身边。开始知足还真挺住了，不是有句老话，英雄难过美人关吗！况且知足就是一般人。春去夏走秋来到，知足到底还是上了套、着了招。此时妻拉上夫去看看知足的作为。夫无言答对妻，第二天夫把知足叫来，告诉他让他去一趟江南，去找一位亲戚，给他拿了足够几个月的路费，还说找不到不许回来。

知足到了江南找遍了各个地方就是没有那个亲戚。路费花没了没法子，知足只好重抄旧业，开始要饭。又到了深秋，知足来到一座破庙里避风雨，这时他想起那封信，想到我依然又是个要饭的，也回不去了看看信里写的啥？于是打开信来看，信中写着：知足老爷戏腊梅，忘记桥下那堆灰，江南无有亲娘舅，送君千里永不回。此刻知足才明白东家的用意！

晚上睡觉所需的不过就是一张床大小的地方，每餐有的也只不过是一碗饭的食量，再多的土地、钱财，我们又能用得到多少呢？拥有许多用不到的事物，并不是真正的富有。美国作家埃默森说过："贫穷只是人的一种心理状态，正因为你自觉穷，所以不能富足。"只有学会知足与珍惜，才能发现心中的快乐，远离沮丧和埋怨。

一个人知道满足，心里面就时常是快乐的，达观的。相反，贪得无厌，不知满足，就会时时感到焦虑不安。用叔本华的观点来说，就会使人生在欲望与失望之间痛苦不堪。

古人的"布衣桑饭，可乐终身"是一种知足常乐的典范。"宁静致远，淡泊明志"中蕴含着诸葛亮知足常乐的清高雅洁；"采菊东篱下，悠然见南山"中尽显陶渊明知足常乐的悠然；沈复所言"老天待我至为厚矣"表达着知足常乐的真情实感。更多的时候，知足常乐是融合在平平淡淡才是真的意境中，是一种人性的本真。

5.享受朴素的生活

在许多北大师生的印象中，季羡林是一个"朴素而温暖得如同土地一般"的人。他经常穿一身洗得发白的中山装，圆口布鞋，出门时提着一个50年代生产的人造革旧书包，"像一个老工人或者老农"。

国画大师齐白石，曾在大白菜图上题："先人做过三代农夫，方知得此根有真味。”而且，“古人常用嚼菜根，教育后代，以为菜根不只是根本，而且是一种学问。甜味中略带一种清苦味，其妙无穷(《菜根》)。”朴素，事实上也是与山野菜根滋味类似的东西，纯正质朴之中，泛些淡淡的、类似素食主义式的清苦，叫有心人回味那特有的苦味。

事实显示，那些淡泊物欲享受、注重精神生活的人，皆是能够真正享受朴素的人。与其说是他们懂得享受朴素，更能保持淡泊宁静致远的境界，毋宁说是崇高伟大的追求，使他们自然而然地选择了朴素生活。

在众多香港商人乃至全中国商人之中，霍英东是一位商业成功的前辈，也是一个朴素的人。

1964年，曾宪梓经亲戚介绍结识霍英东。比霍英东小13岁的曾宪梓对这位前辈早有耳闻，他说，本以为这位风云巨子应是肥胖身材，没想到却是枯瘦，且以后几十年未变。

20世纪80年代后期，曾宪梓曾作为副会长，辅佐身为会长的霍英东，主持香港中华商会。二人因此经常一同出差和接待贵宾。

在曾宪梓的回忆中，宴会上的霍英东少有进食，“他对鲍鱼等名贵菜很少动筷，他喜欢吃玉米。”全国政协常委、香港著名企业家陈永棋说，“多年来，我印象最深的就是有一次到霍先生家里办事，他正在吃两根玉米，那就是他的晚饭。”

陈永棋说，当时被问及为何如此，霍英东跟他说，节俭养生利于健康，“玉米是最好的食物”。

后来，霍英东的长子霍震霆告诉曾宪梓，父亲每次出差，视时间长短，总要带一皮箱乃至更多的玉米。

曾宪梓曾追问霍英东四处奔波如何食用这些玉米，他的回答是，简单煮煮就可以吃了。如果实在不能煮，就用开水泡一下吃。

霍英东的简朴并非只集中在食品上。和霍英东相识几十年的曾宪梓，没看到过他穿什么好料子，从来没有保镖，有一次看到他的司机开着一辆旧车接送他。

一个人需要多少的名和利才会感到满足呢？庄子借许由的话说：鹪鹩巢于深林，不过一枝；偃鼠饮河，不过满腹。名和利对我们来说，都不过是身外之物。无论是宦海沉浮，还是商战成败，就像寒鸭戏水一般，冷暖自知。正是天地由来是客舟，昨日少年今白头；是非名利转眼过，天边白云空悠悠。

许多金钱与权势幻化的光环，让生活多了浮华和臃肿，少了真实和自由。然而，大潮退去，铅华洗尽，人们更愿意以一种裸露的方式，存在这天道的时空里，正如一棵树，繁花与碧叶随时皆可落尽，唯有枝干地久天长。一个懂得生活的人，就会像行云流水一样，随性逍遥，自由自在；不会因为名强利锁而自我束缚、自我设限、自我封闭。

郑板桥平生喜欢朴素，在《道情十首》中云：枫叶狄花并客舟，烟波江上使人愁；劝君更尽一杯酒，昨日少年今白头。以笔墨游戏人间，但字里行间，字字辛酸，句句呼唤，他的目的，在于警醒夺利之人。他在另一首诗中写道：茶香酒熟田千亩，云白山青水一湾。若是老天容我懒，暮年来共白鸥闲。船中人被利名牵，岸上人牵名利船。江水滔滔流不息，问君辛苦到何年。

有个做大官的人，去寺院祈福，到了用饭的时间，与一禅师同坐。

他看到禅师吃饭时，只有一道咸菜，便不忍问道："难道这咸菜不会太咸吗？"

"咸有咸的味道。"禅师回答。

吃完饭后，禅师倒了一杯白开水喝。

他又问："没有茶叶吗？怎么喝这平淡的开水？"

禅师笑着说："开水虽淡，淡也有淡的味道。"

孔子称赞他的学生颜回，“一箪食，一瓢饮，在陋巷，人不堪其忧，回也不改其乐”。唐代王勃有句“君子安贫”。宋朝曾巩有言“富贵不足慕也，贫贱不足忧也”。《红楼梦》中也有“守得贫，耐得富”的警言。这样朴素清贫的观念，教育着人们的为人与行事。

6.虚荣只能作祟，荣誉才能作美

季羡林在自传中写道：“所谓‘虚荣心’是指羡慕高官厚禄，大名盛誉，男人梦想“红袖添香夜读书”，女人梦想白马王子，最后踞坐在万人之上，众人则踏于自己脚下。走正路达不到，则走歪路，甚至弄虚作假，吹拍并举。这就是虚荣心的表现，害己又害人，没有一点儿好处。荣誉感则另是一码事。一个人在某一方面做出了成绩，有关人士予以表彰，给以荣誉。这种荣誉不是苦求得来的，完全是水到渠成，这同虚荣心有质的不同。我在北园高中受到王状元的表彰，应该属于这一个范畴，使用‘虚荣心’这一个词儿，是不恰当的。虚荣心只能作祟，荣誉感才能作美。”

有一对恋人结婚时非要摆一摆阔气，发誓要把本单位同事都比下去。可是他们二人都是工薪阶层，没有多少存款，双方的父母身体都不太好，他们那点退休工资是指望不上的。怎么办？借吧。

于是，他们借钱置办了高档家具，将新房装饰得像宫殿一样华丽，但他们还不满足，还想把婚礼搞的排场一些，隆重一些。可是能借的钱已经都借了，新郎决定为了自己的婚礼铤而走险。他在结婚前几天偷出工厂的一些器材,私下里换成了人民币。

婚礼那天,新郎西装革履,新娘婚纱拖地。用金色的硬币拼成的喜字叫来宾惊诧不已,租用的轿车排着长长的队,真是气派极了。

可是到了晚上,贺喜的人群还没散,新郎新娘还没入洞房,呼啸的警车就将新郎带走了。接着,没收了他用赃款买的东西。

事发之后,债主们也纷纷上门讨债,新娘子只好变卖了新买的家具用来还债。面对空空的房子,新娘坚决离婚,一个刚刚组建的家庭就这样被虚荣和面子折散了。

“春雨懒从年少狂,一生憔悴为诗忙。不能屑屑随时辈,亦耻区区忆故乡。白玉笛声亲府席,六幺花拍动衣香。龙咽嘹喨留行月,凤翼趋跄巧定场。粉色酒客欢四座,花光烛影照西墙。虚荣浪贵知多少,安得如君展肺肠。”宋代诗人梅尧臣这首诗很好地揭示出各种人在春光里的表现,每一份虚荣的获得都是“浪费”的。

古人曰:“名心声者,必作伪。”虚荣为谎言所驱,所以做人一定要实事求是,不要弄虚作假,不要自欺欺人。

因为虚荣,你空耗了许多精力和时间,去追逐无意义的事物,甚至迷失了自己的人生方向。在生活中,别人是别人,你是你,你首先要做的是过好自己的生活。只要你独特,就会吸引他人的目光;只要你有成就,就会吸引他人的目光;只要你是个摒弃虚名不断探索的实干家,就会吸引他人的目光。名誉就是如此,当你苦苦追求,它飘忽不定;如果你无视它,它却会自己跑来找你,到那个时候,不妨潇洒地对它说:抱歉,我没时间接待你,我还有很多事要做!

一位商人,没日没夜地赚钱,过度劳累付出的代价是牺牲了健康。十年前他为自己设定了一个赚钱指标,达到这个指标他就准备停下来休息。

十年之后，他发现虽然远远超过了原定的指标，可是所赚的钱只够他换上一辆宝马轿车。

有人问他："为什么非得换宝马呢？"

他说："和那些坐着奔驰和宝马的巨贾做生意，需要有和他们匹配的轿车才能对等，这是必须付出的成本。"

那人提出质疑："若是今后和外国人做生意，是不是还要买下一艘游艇？"

他不置可否。

就在两年前，他患上了绝症，不得不放下生意。医生建议他去游泳。不分春夏秋冬，他坚持了下来，现在各项健康指标正不断恢复。

他发现，以前看似为生存成本付出的努力其实绝大部分付给了虚荣心，原来生存的成本并不高。比如现在维持生存的成本，就是游泳，而每个月游泳馆固定门票只有30元。以前一个月上万元的花销现在降到了几百元。

后来，他卖掉了毫无意义的豪车，因为步行对他来说是一种健身运动。更重要的是，他从游泳中感受到了单纯的乐趣——心情不复以往的烦躁和焦虑。

古人云："不好名者，斯不好利；好名者，好利之尤者也。"好利是好名之因、之根，只有抗拒利的诱惑，才能真正抗拒名的诱惑，才能抗拒虚荣的诱惑。钱钟书先生为何受到国人的敬爱？除了他高深的学问之外，那种不好名、不好利的品格也是重要原因之一。

冯道根是南朝梁时的开国良将。梁武帝最初举兵时，冯道根受命为先锋，立了大功，但他每次征伐取得胜利后，从不自吹自擂。东汉初时的名将冯异在建立东汉王朝的战争中屡立功勋，然而他在每次战争后，总独自躲在大树下，而不像其他将领一样，聚在一处争说自己的功劳，因而赢得了“大树将军”的美称。

古人云:“名过其实者损。”因而不要过于看重虚名,不要让虚荣迷了自己的心窍。过多看重这些东西就会使人不思进取,就会“吃老本”,就会居功自傲,结果好不容易得来的荣誉也会丧失。

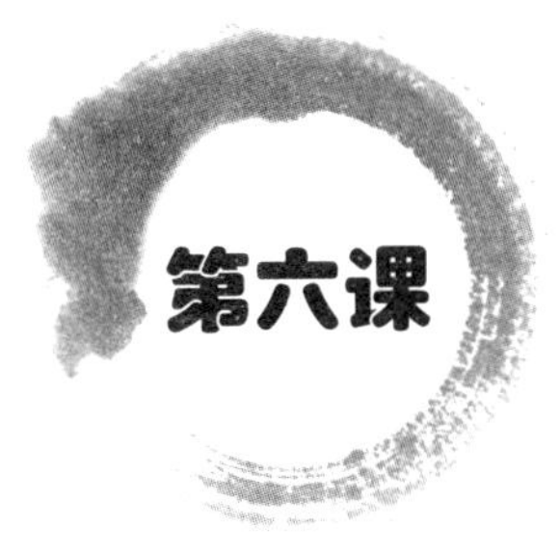

自知，一种精神财富

1.人贵有自知之明

季羡林德高望重，也很具自知之明。他在学术上取得巨大成绩、声誉日隆的时候，也并没有觉得自己是天赋异才，而是自始至终保持着谦逊的态度，把自己的成功归结为勤奋、机遇和天资的三重产物，并且非常强调勤奋和机遇的作用。

有关高层曾诚请季羡林出任中国科学院副院长，他婉言谢绝说：我只会教书，不是当官的料。后来，又有人推荐他担任中国作家协会主席，他说："叫我教授，我脸不会红；叫我作家，我脸会红，因为我只能算是作家票友，哪有资格当作协主席？"古人云："人贵有自知之明。"自知的人才不会自傲，才能理性地对待自己和别人的成绩。

乾隆时期，有人上书皇帝说，顺天府乡试贡院大殿匾额上的三个大字"至公堂"是严嵩所书，顺天府乡试为"北闱"，乃天下乡试第一。在这样一个为国家选拔俊才的堂皇之所，竟然悬挂的是大明奸臣的手笔，一是显得我大清无人，另外也不利于树立以德治国的导向。乾隆一听有理，便下令满朝能书者写这三个大字，选出最好的以代替之。

除了让别人书写，乾隆自己也禁不住提起笔来。他素来好舞文弄墨，每到一地、每经一事都要吟诗作赋，挥笔题字更是手到擒来之事，至今乾隆留存下来的诗有一万多首，虽说精品不多，但身为皇帝，才气已然相当不错。他的书法具备颜真卿、柳公权、赵子昂、董其昌等的正统书法风格，雄浑、厚重，充满阳刚大气的帝王之气象，在今天看来，也是难得的上品之作。

乾隆收集了满朝文臣所书的作品，又加之自己的御笔，经认真比对之后，发现没有一件可与严嵩所书三个字相比。乾隆叹口气，下令将所有作品尽毁，仍然让奸臣的字高高悬挂。

有人曾评述乾隆，面对前明奸臣严嵩的题字，能就书法论书法，没有因人废字，表现出难得的清醒，这份自知之明，恰是他能成为开创盛世帝国之人的最好注解。

孔子曾言："不患人之不己知，患不知人也。"意思是说：不怕别人不了解自己，只怕自己不了解别人。自知的人，既能看到自己优势，更对自己的缺陷有着非常清醒的认识。无论面对什么人，他们的言谈举止总能保持谦恭有礼，不专断、不自以为是。

孔子在走路的时候，被一个小孩拦住了。小孩用土块垒起了一个大圆圈，说："这是一座'城池'，你没有办法过去了。"孔子问道："你为什么不给我们让路呢？"小孩说："你比我懂得多，那我想请问：你在路上遇到城池时，是车让城还是城让车呢？""当然是车让城啦。"孔子毫不犹豫地回答。小孩子高兴地说："现在，在你面前的就是一座'城池'，你怎么能让城给你让路呢？"

孔子非常为难，因为绕道太远，而且路旁边是庄稼，不能过。他就对小孩说："你能不能先把'城池'拆掉，让我们过去呢？"小孩很不高兴："你是个老师，应该讲道理，怎么能让城给车让路呢？"

孔子坐立不安，但又找不到理由，更找不到前进的方法，一时颇为尴尬。小孩这个时候笑了："如果你能屈尊叫我一声'先生'，我可以做到既不拆'城'，又能让你过去。"孔子大为高兴，便起身向前，躬身施礼，恭恭敬敬地叫了一声"先生"。小孩说："这个问题很好解决。你在'城门'外，我在'城门'内，只要我把'城门'打开，你就可以过去了。"孔子听完，心悦诚服，对小孩说："你比我强，你让我学到了自己不知道的东西。"

要想真正了解自我，对自己做出正确的评估，首先要"察已"。客观地审视自己，跳出自我，观照自身，如同照镜子，不但看正面，也要看反面。不但要看到自身的亮点，更要觉察自身的瑕疵。包括对自己的学识能力、人格品质等进行自我评判，切忌孤芳自赏、妄自尊大。其次，要不断完善自我，有则改之，无则加勉。要知道天外有天，人外有人；尺有所短，寸有所长。

2.不知实为"大知"

季羡林一生严谨治学，对自己不了解的东西，只说一句不知道。孔子主张"知之为知之，不知为不知"，所赞同的"知"，其实大有深意。他将"知"建立在一个坚实的基础上，而且经得起复验，看似朴拙，实为大知。

世界著名物理学家、诺贝尔物理学奖的获得者，美籍华人丁肇中在接受中央电视台《东方之子》采访时，曾对很多问题表示"不知道"。

前一阶段又听说他在为南航师生做学术报告时，面对同学提问又是“三问三不知”：

“您觉得人类在太空能找到暗物质和反物质吗？”“不知道。”“您觉得自己从事的科学实验有什么经济价值吗？”“不知道。”“您能不能谈谈物理学未来20年的发展方向？”“不知道。”三问三不知！这让在场的所有同学意外，但不久就赢得全场热烈的掌声。

其实，丁肇中教授大可不必说“不知道”。比如可以用一些专业性很强的术语糊弄过去，可以说一些不沾边际的话搪塞过去，甚至还可以委婉地对学生说：“这些问题对于你们来说太深奥，一两句话解释不清楚。”但是，这位诺贝尔奖得主却选择了最老实、最坦诚的回答方式，而且表情自然、诚恳，没有明知不说的矫揉造作，没有故弄玄虚，也绝没有“卖关子”。丁教授坦言不知道，不但无损于他的科学家形象，更凸显了他严谨的科学态度，令人肃然起敬。

孔子云：“知之为知之，不知为不知，是知也。”学问愈深，未知愈多。越是学识渊博的人，越懂得虚怀若谷。作家斯蒂芬·马洛在他的某部作品中，借其中一个人物的口说：我想，英语里最讨人喜欢的几个字也许是“I don't know(我不知道)”。这句话可以作为跳板，使你惊奇并让你揭开对每个人来讲都会有的奥妙。”

俞平伯先生当年给学生讲宋词时，吟诵之余，连声叫好。弟子问好在何处？先生居然说：“不知道。”巴金曾说：“有读者写信请教写作的秘诀，我答不出来，因为我不知道。”坦承自己“不知道”，非但无损于自身的形象，反而更令人肃然起敬。

没有一生下来就上知天文、下知地理、晓古通今的人。人们都必须在学习探索中不断充实自己，只有实事求是，才能正确地认识自我，才能不断进步。

有一次，孔子带领子路、子贡、颜渊等几个门生外出讲学。师生们来到海州，天空忽然电闪雷鸣，狂风暴雨大作。当地的一个老渔翁把他们领进一个山洞避雨。

这山洞面对大海，是老渔翁平常歇脚的地方。孔子觉得洞里有点闷热，便走到洞口，观看雨中的海景，看着看着，不觉诗兴大发，吟上一联：风吹海水千层浪，雨打沙滩万点坑。

老渔翁听了忙道："先生，你说的不对呀！难道海浪正好只有千层，沙坑不多不少正好万点？先生你数过吗？"

孔子觉得老渔翁的话有几分道理，便问道："既然不妥，怎样才合适呢？"

老渔翁不慌不忙地说："你那两句应当改成：风吹海水层层浪，雨打沙滩点点坑。浪层层、坑点点，数也数不清，这才合乎情理。"

子路在一旁火了，冲着老渔翁说："圣人作诗，你怎能乱改！"

孔子喝道："子路！休得无礼！"

老渔翁拍着子路的肩膀说："圣人有圣人的见识，但也不见得样样都比别人高明。比方说，这鱼怎么打法，你们会吗？"一句话，把子路问了个哑口无言。

老渔翁瞧着子路的窘态，也不答话，飞身奔下山去，跳上渔船，撒开渔网，打起鱼来。

孔子看着老渔翁熟练的打鱼动作，想着他谈海水、改诗句、议"圣人"、责子路的情形，猛然间发觉自己犯了个大错误，于是把门生招拢在一起，严肃地说："为师以前对你们讲过'生而知之'，这句话错啦！大家要记住：知之为知之，不知为不知，是知也！"

宋人陈师道在《后山谈丛》中说："明者无所不知；知者有所知有所不

知;众人所知者少,所不知者多,而强其所不知。”无所不知的“明者”,大约就是人类屈指可数的大智大慧的人吧?有所知有所不知的“知者”,就是对事物采取老实态度、实事求是的人。而所知者少所不知者多的“众人”,还要强其所不知而为知,当然是平庸的芸芸众生了。

实际生活中,我们常见一些人好为人师,他们口中很难吐出“不知道”三个字,似乎说了不知道,意味着学问浅、水平低、没面子。这种人对别人提出的问题,每每知一说二,甚至知一说十。本来只有“半桶水”,却偏偏“淌”得很,很会用一些似是而非的东西“忽悠”别人,故作博学多才。殊不知这恰好表明了自己的浮躁和浅薄,本想捞点面子,结果适得其反,很失面子。

不怕一知半解,不怕一无所知,怕只怕不懂却要装懂。事实上,不懂装懂本身就是一种无知的表现,它同无知一样可怕。

古希腊著名哲学家苏格拉底讲过:“就我来说, 我所知道的一切,就是我什么也不知道。”他以最简洁的形式表达了进一步开阔视野的理想姿态。可以说,至今仍有很多人信奉苏氏这句名言。无论你多么伟大,无论你多么有才能,也有你不知道的地方,说不知道并不是就意味着无能,反而在勇敢承认的同时会获得更多的称赞。

人生决不会由于承认不知道而黯然失色,却有可能因为不懂装懂而落下笑柄。我们要有勇气承认“没有人知道一切事情”的这个事实,把“不知道”变成不断提升自己、丰富自己的一种动力。

3.盲目自大，为我们所不取

季羡林说："在鸦片战争以前，我们根本不了解自己，也不了解世界大势，昏昏然，懵懵然，盲目狂妄自大，以王朝大国自居，夜郎之君、井底之蛙，不过如此。现在读一读当时中国皇帝写给欧洲一些国家的君主的所谓诏书，那种口吻，那种气派，真令人啼笑皆非又不禁脸上发烧，心里发抖。"对于此类历史，季羡林总结道："特别是今天的年轻人，看待自己要有全面观点、历史观点、辩证观点。盲目自大，为我们所不取。"

南岐坐落在陕西、四川一带的山谷中。

那里的居民很少跟山外人交往。南岐的水很甜，但是缺碘，常年饮用这种水就会得大脖子病。所以，南岐的居民没有一个脖子不大的。

有一天，从山外来了一个人，轰动了南岐。居民们扶老携幼都来围观。

他们看着看着，就对外地人的脖子议论开了。"他大婶，你看那个人的脖子。""他二嫂，真怪呀，他的脖子怎么那么细、那么长，难看死了！""干巴巴的，他的脖子准是得了什么病。""这么细的脖子，走到大街上，该多丑啊！怎么也不用块围巾裹起来呢？"

外地人听了，就笑着说："你们的脖子才有病呢，那叫大脖子病！你们有病不治，反而来讥笑我的脖子，岂不笑死人了！"南岐人说："我们全村人都是这样的脖子，肥肥胖胖的，多好看啊！你掏钱请我们治，我们还不干呢！"

莎士比亚在他的戏剧中写道："拒绝生命，嘲笑死亡，只抱着野心，把智慧、思想、恐怖都忘却，正如你们所知，自负是人类最大的敌人。由此可知，一个过于自负的人，结果只会在自负里走向自我毁灭。”

自负的人自高、自大，总会高估自己的能力，认为自己比任何人都强得多，而把别人看得一文不值，还会以贬低别人来抬高自己。自负的人，会固执己见，把自己的观点强加在别人的身上，明知自己已经错了时，还要坚持自己的主张而不愿意接受别人的观点。自负的人，也总会看重自己的利益，不会顾及他人，更不会关心他人，对人不够热情，好像每个人都该为他服务，让人生厌。

赫兹利特曾说过：把自己的长处想得太多的人，就是要别人想及他的短处。自负的人总是自以为是，永远带着傲气。殊不知，自负是盲目的乐观主义。有人说：自负，像一个泥潭，陷进去就难以自拔。的确，自负者是很恋旧的，他经常沉湎于往日极少的胜利之中，故而不听他人的意见，自负最终成为自己人生的绊脚石。

农场养了一只雄伟壮观的公鸡，每天它都会准时打鸣报晓，为了感谢公鸡的辛劳，主人每天清晨总要撒一把黄豆犒赏公鸡。

有一天，主人又撒下一大把黄豆，公鸡居然撇着嘴不吃了。主人觉得很奇怪，问它为什么不吃。

公鸡抬着头高傲地说：“你不能老是让我吃这些便宜货。天是我叫亮的，没有我，你耕种就会迟到，就会延误最好的时机，就会没有收获。如果没有收获，你就只能饿死。换句话说，我是你的救命恩人，你应该把最好的东西给我吃。”

主人没有争辩，当天夜里他就用一段麻线将公鸡那尖尖的嘴巴牢牢地扎住了。

第二天清晨，主人照例起床，拿起农具要下田，路过鸡舍门口时，他对公鸡说：“真奇怪，今天你没有打鸣报晓，天怎么还是亮了呢？”

公鸡羞得面红耳赤，不敢作声。

俗话说：“一个好汉，三个帮；一个篱笆，三个桩。”在任何时候，千万不要忽视别人的付出与帮助，否则，你的路只会越走越窄。谦虚一些，别人也会记你的功劳，因为世界离开了谁，都会照旧转。

人应该做到全面地认识自我，既要发现自己的长处与优点，又要看到自己的不足与缺点，绝不能一叶障目，不见森林，抓住一个优点不放，那样未免失之偏颇。

天外有天，山外有山，切忌固步自封，夜郎自大。当你才华出众、成绩斐然时，你会得到别人的赞许与荣誉，但这不代表你有轻视别人、贬低别人的权力。当你在竞争中失败时，也不意味着你会低人一等。盲目自大或盲目自卑，都是害人害己的毒药，需要时刻警惕。

对于自负者来说，能够勇于承认自己的缺点，就是非常大的飞跃。在受到冷落与批评，遭遇挫折的时候，你要把它们当作一剂治病良药。虽然药是苦的，你也是痛苦的，但是吞下去之后，你会发现，它会让自己的不足显现出来并勇于改正。当你对别人感到越来越满意，当你敢于承认别人的优点并对此赞美时，就说明你已经消除了自负。

4.不妄自菲薄，也不假装傲慢

季羡林回忆小时候的事情说："小学毕业后，我连报考著名中学的勇气都没有，可见我懦弱、自卑到什么程度。当时表面上看起来很忙，但是我并不喜欢念书，只是贪玩。考试时虽然成绩颇佳，距离全班状元的道路十分近，可我从来没有产生过当状元的野心，对那玩意儿一点儿兴趣都没有。钓虾、捉蛤蟆对我的引诱力更大。至于什么学者，我更不沾边儿。我根本不知道天壤间还有学者这一类人物。自己这一辈子究竟想干什么，也从来没有想过，朦朦胧胧地似乎觉得，自己反正是一个上不得台面的人，一辈子能混上一个小职员当当，也就心满意足了。我常想，自己是有自知之明的，但是自知得过了头，变成了自卑。”

有位禅师感激侍者服侍他三十多年，希望帮助他早日开悟。

一天，他对侍者唤道：“侍者！”

侍者听到禅师叫他，立即答道：“禅师，什么事情？”

禅师回答：“不做什么。”

过了一会儿，禅师又叫他：“侍者。”

侍者又立即回答他：“什么事情？”

这样来来回回多次之后，禅师突然对着他叫道：“佛祖！佛祖！”

侍者茫然地问他：“禅师，您怎么了？这是在叫谁呀？”

禅师没有理他，继续对着他叫：“佛祖！佛祖！”

侍者更是不解。

禅师无奈之下，只得对他说：“我就是在叫你呀。”

侍者困惑地说：“禅师，你怎么糊涂了呢。我是侍者，不是佛祖啊。”

禅师长叹一声，道：“你怎么还没有开悟呢？‘心、佛、众生’三者根本没有差别。众生只承认自己是众生，不承认自己是佛祖，这正是沉溺于对本性的痴迷之中没有开悟的一种表现。”

自大是知己能而更能，知己不能而能。与自大相反，自卑是自知过了头，自卑是知己不能，知己能而不能。过了头的自知，实际是不自知。

毕淑敏在《战胜自卑》中谈了四点。

一是写下你的优点。

二是不要做一个完美主义者。如果你要以十全十美的标准来要求自己，其结果不是你做到了十全十美，而是你变得身心交瘁。因为你无时无刻不在谴责自己，同时你的人际关系还会发生那种潜在的紧张感。世界是不完美的，你看到的，你苛求的都是那些瑕疵之处的事情，你怎么能做一个幸福之人呢？

三是宽容自己。内心辽阔了，才能够容纳山川海洋，容纳别人的过失和不足，同时也宽恕了自己。

四是关注自己的优势。我们每个人都有优点，也有缺点，所以每一个人克服自卑，不是死死盯住那些自己不足之处而是把自己的能量、把那种正面努力的时间和毅力都放在自己的长处上面。

有一位和尚经常炫耀自己的贵族身份，他说：过去我吃的、穿的、用的，样样都是珍贵的物品。就连佣人所使用的物品，也都是舶来品。每次这位和尚托钵回来，看着钵中的粗食都会叹道：唉！过去我吃的是山珍海味，现在竟然吃这种粗食！日子久了，渐渐引起其他和尚的议论。

佛陀说：他曾是一位高大俊秀的仆人。他的东家身材矮小却身怀绝技，东家怕国王小看自己。于是两人互换身份去见国王，东家成为他的随从。他向国王毛遂自荐，说自己有一身的绝技，国王很满意，赏赐千两黄金。

半年后，国境内传出老虎吃人的事件。国王派他去杀虎。东家说：不要怕，在捉拿老虎之前，先向大家宣布捉拿的时间，到时候众人一定会各执弓箭前来相助。等大家聚集起来，你再到老虎出没的地方引它出来，然后赶紧躲进草丛里趴着。这时，大家看到老虎，心里一定很害怕，就会射出弓箭。等老虎被射中后，你就拿着绳子站出来说："我原本打算要活捉这只老虎去见国王，到底是谁把老虎射死的？"听你这么说，一定没有人敢承认，然后你就把被射死的老虎送到国王面前，国王会很高兴的。

他依计而从，老虎被射死了，国王赏赐他黄金万两。

接连又出了几次事后，国王都派他处理。他对东家慢慢傲慢了起来，常常对东家颐指气使，吆五喝六。

两年后，有个国家来入侵。国王让他打头阵。出发时，他骑在大象背上，颇为威风，但当对方的大军发起进攻时，他却吓得大小便拉了一裤子。他的东家说："赶快回去洗一洗吧！其他的事情交给我了。"

东家谋略超群，没多久就打败了敌军。很快，国王知道了互换身份的实情，他被降为平民，再也傲慢不起来了。

佛陀说：过去那个他就是现在这位和尚。出身贱族，内心自卑，却又心生傲慢，他常常炫耀自己的身份，其实，只是为了掩盖自卑的心态。

明明知道自己不能，因担心被别人小看了而说能。这种过于担心别人对自己的看法和评论，甚至假装傲慢来掩饰就是不自信的表现。自己价值不取决于别人的评价，而在于内心的自我把持。我们应该相信自己，不要听外界的评价，不要看别人的脸色，不要被舆论所左右，不要像墙头草一样，拥有自己的坐标系。

想让世界上所有的人对你都有好评那是不可能的事情，因为你永远不能取悦所有人。要想把生命操纵在自己的手里，你就要做自己的掌舵人，弄清楚自己在做什么，为什么这样做，将怎样做，用自己内心坚定的、勇敢的、宽容的、新的信念来代替那种退缩的、胆怯的、自惭形秽的、苛刻的自我评价，学会和自卑相处，把自卑转化为动力。

5.时时自省方可时时清醒

季羡林说："每一个人都有一个自我，自我当然离自己最近，应该最容易认识。事实证明正相反，自我最不容易认识。所以古希腊人才发出了

Know thyself(认识自己)的惊呼。一般的情况是，人们往往把自己的才能、学问、道德、成就等评估过高，永远是自我感觉良好。而真正有学问的人知道自己能吃几碗饭，能从小事中反省自己，知道不足后很快就改正。”

齐白石是著名的书画大师。1952年的一天，诗人艾青前来拜访已是88岁高龄的齐白石，艾青还带来了一幅画，请他鉴别真伪。齐白石拿出放大镜，仔细看了看，对艾青说：“我用刚创作好的两幅画跟你换这幅，行吗？”

艾青听后，赶紧收起这幅画，笑笑应道：“您就是拿20幅，我也不跟您换。”齐白石见换画无望，不禁叹了一口气：“我年轻时画画多认真呀，现在退步了。”原来，艾青所带来的这幅画正是齐白石数十年前的作品。

艾青走后，齐白石一直愁眉不展，一天夜里，儿子起来上厕所，发现父亲没在房间，正要四处寻找时，却发现书房里的灯是亮着的，走进一看，原来父亲正坐在书桌前，一笔一画地描红。

儿子不解，便问道：“您都这么大年纪了，早就盛名于世了，怎么会突然想起来要描红，而且还描这般初级的东西？”

谁知齐白石却摇了摇头，不紧不慢地回答道：“现在我的声望高，很多人说我画得好，觉得我随便抹一笔都是好的，我也被这些赞誉弄得有些飘飘然了，无形之中放松了对自己的要求。直到前几天，我看见自己年轻时画的一幅画，才猛然惊醒——我不能再被外界的那些不实之词蒙蔽了，所以还要重新认真练习，要自己管住自己。”

此后，即便是年龄越来越大，齐白石依然坚持每天必画画，从不敢慢怠，甚至有时为了画一幅画，要花上好几个月的时间。

孟子说：“爱人不亲，反其仁；治人不治，反其智；礼人不答，反其敬；行有不得者皆反求诸己，其身正而天下归之。”反躬自省，就是当出了问题时、当面对批评时，多在自己身上找原因。这个道理我们都知道，也能认同，但挑战了自己的自尊。

为自己辩护、给自己找借口、指出外界或他人的责任,这些都是自尊的需求。遇到了问题或受到批评指责,我们的自我防御系统第一时间就会启动起来,我们的心理马上进入防守状态,竖起坚硬的盾牌来保护脆弱的自尊。

反躬自省需要内心足够强大,因为自省既要有否定自己的勇气,又要胸怀坦荡。子曰:“君子求诸己,小人求诸人。”就是因为君子的内心很强大,不需要过多的保护,因为没有什么能轻易就伤到他的自尊。而我们常常做不到,是因为我们的自我不够强大,不够自信。要想有能力在面对压力时反省自己,就要平时增强自信心。

一次,一位下属因经验欠缺而使一笔贷款难以收回,松下幸之助勃然大怒,在大会上狠狠地批评了这位下属。

事后仔细一想,松下为自己的过激行为深感不安。因为那笔贷款发放单上自己也签了字,下属只是未摸准情况而已。既然自己也应负一定的责任,那么就不应该这么严厉地批评下属。想通之后,他马上打电话给那位下属,诚恳地道歉。

恰巧那天下属乔迁新居,松下幸之助得知后便立即登门祝贺,还亲自为下属搬家具,忙得满头大汗。事情并未就此结束。一年后的这一天,这位下属收到松下的一张明信片,上面留下了一行亲笔字:让我们忘掉这可恶的一天吧,重新迎接新一天的到来!看到松下的亲笔信,这位下属感动得热泪盈眶。

古语说:“人非圣贤,孰能无过?过而能改,善莫大焉。”意思是:即使君子,也难免有过,有了过失能改正,那就最好了。

许多人可能都有过这样的经历:原本只犯了一个小错误,但就是不愿意承认,以至于不得不用各种手段遮掩和粉饰错误。结果一错再错,小错误演变成大灾难,落得个无法收拾的结局。所以,自省的第一前提,就是要勇于认错，主动接受批评和自我批评。这种态度可以说是谦逊的化身。

每个人都会犯错，就像不小心在脸上留下墨点，经常注意照镜子的人，会及时发现并清洗干净，这就是自省；很少照镜子的人，经别人提醒后能及时洗干净也依旧漂亮，这就是勇于承认错误。掩饰错误，就如同用手遮盖，结果是把墨迹扩大，使整个脸变得更难看。

如果经常在反省中扪心自问：自己是怎样的一个人？哪些东西对自己最为重要？自己能否把每件事情做得更好？这样的心路历程将会成为一个人在成长过程中审视自己的价值观、质疑自己的思路和锻炼自己的判断力的最好方法。经过这种方法的考验，一个人才会变得更强大、更自信，他的人生目标也会更加明确。

第七课

勤勉好学，一分耕耘一分收获

1.天资+勤奋+机遇=成功

一个年轻护士常为学习英语发愁。她请教季羡林：用什么办法能快速提高英语水平？报刊上刊登的英语速成广告可信不可信？季羡林笑笑，向她推荐了一句名联：书山有路勤为径，学海无涯苦作舟。他说，学好英语就靠两个字——勤奋，速成也快，速忘也快，成就事业要勤奋、刻苦，别无他途。

季羡林曾专门对成功给予阐述，以下是部分摘录。

我在这里只谈成功，特别是成功之道。这又是一个极大的题目，我却只是小做。积七八十年之经验，我得到了下面这个公式：

天资＋勤奋＋机遇＝成功

“天资”，我本来想用“天才”，但天才是个稀见现象，其中不少是“偏才”，所以我弃而不用，改用“天资”，大家一看就明白。这个公式实在是过分简单化了，但其中的含义是清楚的。搞得太烦琐，反而不容易说清楚。

谈到天资，首先必须承认，人与人之间天资是不相同的，这是一个事实，谁也否定不掉。十年浩劫中，自命天才的人居然号召大批天才，葫芦里卖的是什么药，至今不解。到了今天，学术界和文艺界自命天才的人颇不稀见，我除了羡慕这些人"自我感觉过分良好"外，不敢赞一词。对于自己的天资，我看，还是客观一点好，实事求是一点好。

至于勤奋，一向为古人所赞扬。囊萤、映雪、悬梁、刺股等故事流传了千百年，家喻户晓。韩文公的"焚膏油以继晷，恒兀兀以穷年"，更为读书人所向往。如果不勤奋，则天资再高也毫无用处。事理至明，无待饶舌。

谈到机遇，往往为人所忽视。它其实是存在的，而且有时候影响极大。就以我自己为例，如果清华不派我到德国去留学，则我的一生完全不会像现在这个样子。

把成功的三个条件拿来分析一下，天资是由"天"来决定的，我们无能为力。机遇是不期而来的，我们也无能为力。只有勤奋一项完全是我们自己决定的，我们必须在这一项上狠下工夫。在这里，古人的教导也多得很。还是先举韩文公，他说："业精于勤荒于嬉，行成于思毁于随。"这两句话是大家都熟悉的。

王静安在《人间词话》中说："古今之成大事业大学问者必经过三种之境界。'昨夜西风凋碧树，独上高楼，望尽天涯路'，此第一境也。'衣带渐宽终不悔，为伊消得人憔悴'，此第二境也。'众里寻他千百度，蓦然回首，那人却在，灯火阑珊处'，此第三境也。"静安先生第一境写的是预期，第二境写的是勤奋，第三境写的是成功。其中没有写天资和机遇。我不敢说，这是他的疏漏，因为写的角度不同。但是，我认为，补上天资与机遇，似更为全面。我希望，大家都能拿出"衣带渐宽终不悔"的精神来从事做学问或干事业，这是成功的必由之路。

俗话说得好："人勤地不懒。"如果人勤快，土地也会勤快地回报你。

一个人无论做什么事情都应当勤奋点,因为天才出于勤奋。古今中外,凡是有成就的人无疑都是勤奋者。

斯蒂芬·金是国际上著名的恐怖小说大师,他和一般的作家有点不同,即使在没什么可写的情况下,他也要每天坚持写五千字。他说:“我从来没有过没有灵感的恐慌。”现在,他算是超级富翁了,可是他每天仍然在勤奋的创作中度过。

郭沫若曾写过一副读书联:“读不在三更五鼓,功只怕一曝十寒。”鲁迅少时买红辣椒,每当晚上因寒冷而夜读难耐时,他便摘下一颗红辣椒,放在嘴里嚼着,辣得额头冒汗。他就是用这种办法驱寒坚持读书,后来成为我国著名的文学家。

画家齐白石的弟子李可染多才多艺,除了绘画,还会拉胡琴、唱京剧。京剧对他来说,既是爱好又是消遣。有一次,李可染一连失踪三天。回家后妻子才知道,他听京剧连听了三天三夜。妻子责问:“李可染,你要是这样只迷戏,你的画还能成吗?”从此,在他的时间里,他删去了拉二胡和听京剧的时间,一心一意地画画,心无旁骛。

有一次,李可染想和朋友一起去江南写生,他在一家杂志社预支了一百元稿费。边走边画,衣服破了,鞋子也破了。李可染的脚有些畸形,穿的鞋子需要妻子特殊加工,行走对他来说,是件痛苦的事。可是,他硬是穿着这样的鞋走了几个月,几个月之后回到家,人已形同乞丐。而三个人几个月一百元钱竟然没有花完。原因是他们把所有时间都用在行走和画画上,没有时间花钱。

有人评价说,李可染画的牛极富生活情趣,或行、或卧、或凫于水中。牛背上,稚气的牧童悠然自得,或观山、或引吭、或竞渡,寥寥数笔,便勾出一幅质朴而生机盎然的田园小景。在他的《五牛图》里,牛俯首孺子而不逞强,仅用黑白两色,竟画出了牛背皮毛上的反光。

曾经李可染的水墨巨制《长征》在一个拍卖会上拍到一亿多元。

细小的石子虽不显眼，却能铺出千里路，平凡的努力虽不惊人，却能攀登万仞峰，勤奋是成功之本。勤奋不仅意味着不怕苦、不畏难，勤奋还须持之以恒。“三天打鱼，两天晒网”，一曝十寒的做法是一时头脑发热，不是勤奋，真正的勤奋是耐得住寂寞，在寂寞中苦苦钻研。

2.诀窍就在于他们的“笨”

季羡林在《假若我再上一次大学》中写道：德国学者写好一本书或者一篇文章，在读校样的时候，都是用这种办法来一一仔细核对。一个研究室里的人，往往都参加看校样的工作。每人一份校样，也可以协议分工。他们是以集体的力量，来保证不出错误。这个法子看起来极笨，然而除此以外，还能有“聪明的”办法吗？德国书中的错误之少，是举世闻名的。有的极为复杂的书竟能一个错误都没有，连标点符号都包括在里面。读过校样的人都知道，能做到这一步，是非常不容易的。德国人为什么能做到呢？他们并非都是超人的天才，他们比别人高出一头的诀窍就在于他们的“笨”。我想改几句中国古书上的话：“德国人其智可及也，其笨(愚)不可及也。”

总是有些人自恃聪明，工作只求快，不屑于做小事，结果质量跟不上，最后还得返工。而表现“笨”一点，老老实实把小事做好，质量上找不到可挑剔的地方，则更易胜出。

一个年轻人到某公司应聘临时职员，工作任务是为这家公司采购物品。招聘者在一番测试后,留下了这个年轻人和另外两名优胜者。随后,主持人提了几个问题,每个人的回答都各具特色,主持者很满意。

面试的最后一道是笔答题。题目为:假定公司派你到某工厂采购2000支铅笔,你需要从公司带多少钱?几分钟后,应试者都交了答卷。

第一名应聘者的答案是120美元。主持人问他是怎么计算的。他说,采购2000支铅笔可能要100美元,其他杂用就算20美元吧。主持人未置可否。

第二名应聘者的答案是110美元。对此,他解释道:2000支铅笔需要100美元左右,另外支出可能需用10美元左右。主持人同样没表态。

最后轮到这个年轻人。主持人拿起他的答卷,见上面写的是113.86美元,见到如此精确的数字,他不觉有些惊奇,立即让应试者解释一下答案。

这位年轻人说:"铅笔每支5美分,2000支是100美元。从公司到这个工厂,乘汽车来回票价4.8美元;午餐费2美元;从工厂到汽车站为半英里,请搬运工人需用1.5美元。因此,总费用为113.86美元。"

主持人听完,欣慰地笑了。这个年轻人自然被录用了,而他就是后来大名鼎鼎的卡耐基。

历史上,无论是军事家还是学问家多有严谨之风,在细节上一丝不苟。

有一次,邓小平同志为学习朱伯儒题词:"向朱伯儒同志学习,做一个名副其实的共产党员。"当时,邓小平同志嘱咐办公室的工作人员不要急于发表,先请语言学家看看。语言学家看过后,说应该把"符"改为"副",邓小平同志马上提笔说:"再重写一张,用字不规范,这样不好。"邓小平同志又铺开宣纸,一笔一画地写了起来。

美国当代小说家、诺贝尔文学奖获得者海明威,写作态度极其严肃,十分重视作品的修改。他的长篇小说《永别了,武器》,初稿写了6个月,修改用了5个月，清样出来后还一改再改，最后一页共改了39次才满意。

俗话说："千里之堤，毁于蚁穴。"不肯在小事上下功夫从严要求，终将酿成大祸。拿破仑领导的法军在滑铁卢失败后仓皇撤退，在试图越过一条冰河时，法军的战马突然纷纷跌倒，慌乱中拿破仑下令炮兵向敌人开炮，但是拉炮的骡马一踏上冰面也跌倒在地，结果法军大败。战后调查发现原来是粗心大意的士兵忘了给马的脚掌装上防滑的冰钉，致使装备一流的法军惨败在俄军手中。

大自然是最为严谨的，它有着严格的运行准则和规律。即便一种最常见的车前草，科学家发现它身上也有着最不普通的东西，那就是它的叶子排列得极其规整有序。

车前草叶柄基部呈螺旋式从根部向顶端分布着，且相邻两片叶子之间弧度大小皆为137.5°。按照这种排列模式，每片叶子便可占有最多的空间，获得最多的阳光，承受最多的雨露。

向日葵的果实也都是按照137.5°这个恒定的发散角排列的。英国的科学家沃格尔曾用计算机模拟向日葵果实排列的方法，他将其排列为137.4°和137.6°。结果发现，就是这正负0.1°的误差，会使得向日葵"吃亏"不小。

前者花盘上的果实出现了间隙，且只能看到一组顺时针方向的螺旋线；后者花盘上的果实也会出现间隙，会看到一组逆时针方向的螺旋线。而只有当发散角刚好为137.5°时，花盘上的果实才呈现彼此紧密镶合状，以及没有缝隙的两组反向螺旋线，最终也就得到了最多最饱满的葵花籽。

137.5°有何奇妙之处呢？如果我们用黄金分割率0.618来划分360°的圆周，所得角度约等于222.5°。而在整个圆周内，与222.5°角相对应的外角就是137.5°，所以137.5°角是圆的黄金分割角，也叫黄金角。

什么叫大自然中的黄金角？这就是，即便只为一种最一般的植物，也不允许对其哪怕有细微的改变。

著名建筑学家、教育家梁思成先生一直教导身边人“学什么都要眼高手高”。强调“眼高”,是指“高眼界、高标准、高要求”。取法于上,仅得为中;取法于中,仅得其下。当然不可能每个人都能做到“眼高手高”,但在细节上多下功夫还是可以的。

老子曾说过:“天下难事,必做于易;天下大事,必做于细。”做任何事情都要从一点一滴开始,对工作质量要一丝不苟,精益求精。对身边的人不可忽视一丝一毫的关爱。对自己要求更要从一言一行上做到严谨,因为你的一举一动都能够展现出自身的素质水平和修养程度。

3.认真做事才算对得起自己

季羡林曾多次说过:“一个人的生命只有一次, 必须实现人生的价值,才能对得起这仅有的一次生命。”季羡林用其行动为他的话践行。“翻译与创作并举,语言、历史和文艺理论齐抓,对比较文学、民间文学也有浓厚兴趣,是一个典型的地地道道的‘杂家’。”这是季羡林对自己的学术身份进行的一次简单概括。这位“杂家”在很多领域勤勤恳恳、辛勤耕耘,累累硕果,让人望尘莫及。

做事不认真何来硕果?心沉不下来,何以成大家?把心沉下来,干一行,爱一行,全身心投入工作,这样才能安心工作,有所作为。

有一个和尚心性不稳,从溪里挑水时,在路上总是时不时地洒出一些,每次倒入水缸的水总会比别人少上两三瓢。砍柴时,总是大小不一,码起来特别费力。

转眼间，他悟道已六年，却没有开悟长进，自认为不是出家人的料便想下山返回尘世。

和尚向禅师辞行，言到："师父，我天生愚钝，脑袋像一块顽固不化的石头，不是悟道的料，我只好下山还俗了。"

禅师并未言语，而是带他来到寺里一尊佛像前。

禅师问道："你面前的是谁？"

和尚回答道："神圣的佛祖。"

禅师悄悄走到佛祖像跟前，他用手轻轻抚摸着佛祖像问道："这尊佛祖像是什么做成的呢？"

和尚回答道："他是石头做成的。"

禅师说道："连石头都能做成神圣的佛祖，这可是天下的奇迹了。"

和尚不解。

禅师说道："你修行六年，挑水三年，柴砍三年，但水还是要洒，柴还是无矩。做事不认真，学习也定一知半解，何谈开悟？"

听了禅师这番话，他羞愧不已。此后他把心慢慢沉了下来，挑水也没有再洒过，柴也砍得规规矩矩。

数年后，此和尚成了一代著名的大师。

马云有一次在飞机上写了关于浮躁和不认真的事。对今天年轻人的浮躁和做事说话的态度表示理解，因为"我们都这么年轻过"。但是他建议青年员工在浮躁的社会，看清自己，平静下来问自己，"我有什么""我凭什么""我要什么""我必须放弃什么" 他表示，"我捍卫你说话的权利，但我不欣赏你抱怨一切的态度。我更欣赏那些修正自己，调整自己，用自己的努力和智慧去完善边上的不尽如人意"。

马云说："今天的社会能说会道的人很多，中国一直不缺批判思想，中国缺的是一批实实在在干事，做千锤百炼苦活的人。就如公司不缺战略，不缺想法，不缺批判一样，公司其实缺的是把战略做出来的人，把想法变现的人,把批判变建设性完善行动的人。"

马云的经验之谈不但对阿里巴巴的内部年轻员工有参考价值,对所有踏足社会不久的职场新人都有参考价值。要想真正有所成就,做到心不浮躁还不够,还要提前排除让自己浮躁,影响自己认真做事、认真学习的障碍。

有个小和尚,在吃饭的时候,听说他的师兄过世了,感到非常悲伤。师兄生前最疼爱他,小和尚无法排除自己的忧伤,每天茶不思饭不想,也没有心思学习,整天沉浸在痛苦之中。他的其他师兄弟都很着急。因为,一天两天的伤悲是正常的,一周两周的伤悲也可以理解,但大半年都过去了,小和尚还时时哭泣,不肯好好吃饭和学习,严重影响了他的成长。

有一天方丈知道了他的情况,决定要和小和尚聊聊天。

"你为什么这么伤心呢?"方丈问他。

"因为师兄永远不会回来了。"他回答。

"那你还知道什么永远不会回来了吗?"我问。

"嗯,不知道。还有什么永远不会回来呢?"他答不上来,反问着。

"所有时间里的事物,过去了就永远不会回来了。就像你的昨天过去,它就永远变成昨天,以后我们也无法再回到昨天弥补什么了;如果不牢牢打好学习基础,就再也无法回去重新过一回了;就像今天的太阳即将落下去,如果我们错过了今天的太阳,就再也找不回来了。"

听了方丈的话,小和尚重新开始安心修道,终成一代大师。

明天还会有新的太阳,但永远不会有今天的太阳。眼前的每一刻,都要认真对待。

认真做事的关键在于用心。迈克尔·乔丹为什么能成为"篮球之王"?他的回答是:"我不是用四肢打球,而是用脑子打球。"他的意思是开动脑筋,用心打球。北京公汽售票员李素丽为何能在平凡的工作岗位上做出不平凡的业绩？她的回答是："我是在用心工作。"

用心做事可细分为三点，第一要增强责任心，专心致志必然严谨细致，驰心旁骛注定马虎应付，掉以轻心；第二要有进取心，以新思维、新举措来适应新情况，学会创造性地开展工作；第三要有事业心，人生的价值无不体现在事业的奋斗旅程中。

4.少年易老学难成，一寸光阴不可轻

季羡林曾写道："宋代大儒朱子有一首诗，我觉得很有针对性，很有意义，我现在抄给大家：少年易老学难成，一寸光阴不可轻。未觉池塘春草梦，阶前梧叶已秋声。这一首诗，不但对青年有教育意义，对我们老年人也同样有教育意义。文字明白如画，用不着过多的解释。光阴，对青年和老年，都是转瞬即逝，必须爱惜。'一寸光阴一寸金，寸金难买寸光阴'，这是我们古人留给我们的两句意义深刻的话。"

古人云："少而好学，如日出之阳；壮而好学，如日中之光；老而好学，如秉烛之明。"即使真的到了迟暮之年，秉烛而行也比摸黑行走要好。年轻时多学习，学得好且快。年轻时努力学习，将来才会有出息。

李嘉诚因为家境贫寒，上到初中就被迫辍学。15岁时父亲去世，他从此负担起整个家庭的生计。尽管工作非常辛苦，但他知道，如果没有知识，没有学问，他将来就不可能在社会上立足。他白天当推销员，晚上上夜校。他到废品收购站去买别人废弃的旧教材，用旧报纸练字，利用各种方式疯狂地学习知识。

李嘉诚回忆说:"当时我住在合群男子公寓,就是现在铜锣湾金堡大厦。每晚12时就会熄灯。我因为上夜学和到工厂跟单,每晚回来要摸黑走楼梯,一步步数楼梯数,够数就知道回到宿舍了。"

李嘉诚青年时基本没受过正式教育,尤其是英语,连26个英文字母都没学全,可是他深知在香港做生意,不学好英语永远没有出息。经过极为刻苦的学习,他的英语水平甚至比普通的大学生还要高。50年代他做塑胶生意时,订阅了好几种全世界最新的塑胶杂志,以便能够掌握最新形势。在外国杂志中,他留意到一部制造塑胶樽的机器,但从外国定制太贵了,于是他凭着自学的英文研制了这部机器,这成为他早年非常得意的事情之一。他又凭借自己当时还很不流利的英文,和外国人做生意,打开了国际市场。短短几年的时间,他就成了享誉东南亚的"塑胶大王"了。

他70岁高龄的时候仍然坚持学习, 当别人向他请教如何决策时,他说:"你自己应该知识面广,同时一定要虚心,多听专家的意见。自己作为一家公司的最后决策者,一定要对行业有相当深的了解,不然的话,你的判断力一定会出错。"从一个街头推销员到今天举足轻重的商业领袖,李嘉诚热爱学习的精神值得我们每个人学习。

不要抱怨自己没有专门的、大段的时间用来学习,只要能静下心来,就能利用一切机会,通过各种渠道和途径,挤时间学、抢时间学。

不要小看一分一秒,要有严格的时间观念。日本的时间观念值得我们学习。20世纪90年代初,中国辽宁青年参观团在日本出席一个会议,出国前团长准备了厚厚一叠发言稿,可是届时日方官员递上的会序表却写着"中方发言时间:10点17分20秒至18分20秒"。发言时间仅为一分钟。这在那些"一杯茶水一支烟,一张报纸看半天"的人看来,似乎是不可思议的,而在日本却是极为平常的。日本从工人到学者,时间观念都非常强。他们考核岗位工人称不称职的基本标准就是在保证质量的前提下单位时间的劳动量,时间一般精确到秒。

希望集团总经理刘永美说“我们所说的学习的能力，就是要随时随地，在任何地方，看到对你有用的，对你的企业和团队有用的，都要向他们学习。”

一寸光阴不可轻，无论我们多忙，只要有时间观念就能有时间；无论会遇到多少阻碍，只要有学习的渴望总能有方法解决。

霍金1942年1月8日出生于英国的牛津，这是一个特殊的日子，现代科学的奠基人伽利略正是逝世于300年前的同一天。霍金年轻时就身患绝症，然而他坚持不懈，战胜了病痛的折磨，成为了举世瞩目的科学家。

霍金在牛津大学毕业后即到剑桥大学读研究生，这时他被诊断患了“卢伽雷病”，不久，他完全瘫痪了。1985年，霍金又因肺炎进行了穿气管手术，此后，他完全不能说话，依靠安装在轮椅上的一个小对话机和语言合成器与人进行交谈。他看书必须依赖一种翻书页的机器，读文献时需要请人将每一页都摊在大桌子上，然后他驱动轮椅如蚕吃桑叶般地逐页阅读。

但霍金没有因为这些病痛的折磨而放弃对学习的渴望，他正是在这种一般人难以置信的艰难中，成为世界公认的引力物理科学巨人。

霍金在剑桥大学任牛顿曾担任过的卢卡逊数学讲座教授之职，他的黑洞蒸发理论和量子宇宙论不仅震动了自然科学界，并且对哲学和宗教也有深远影响。

霍金还在1988年4月出版了《时间简史》，已用33种文字发行了550万册。

时间对于所有的人都是公平的，过了就不会再回来，而知识却是无止境的。

法国数学家笛卡尔老是感到自己知识少，有人问他说：“你学问那样广博，竟然感叹自己知识不够用，岂不是大笑话？”他说：“哲学家芝诺不是解释过吗？他曾画了一个圆圈，圆圈内是已掌握的知识，圆圈外是浩瀚无边的未知世界。知识越多,圆圈越大,圆周自然越长,这样它的边缘与外界空白的接触面越大,因此未知部分当然显得就更多了。”

庄子说:“人生天地间,若白驹过隙,忽然而已。”陶渊明也说:“盛年不重来,一日难再晨。及时当勉励,岁月不待人。”少年易老,一定要珍惜光阴,努力学习。法拉第在中年后,为了节省时间,把整个身心都用在科学创造上,严格控制自己,拒绝参加一切与科学无关的活动,甚至辞去皇家学院主席的职务。居里夫人为了不使来访者拖延拜访的时间,会客室里从来不放座椅。76岁的爱因斯坦病倒了,有位老朋友问他想要什么东西,他说:“我只希望还有若干小时的时间,让我把一些稿子整理好。”

时间的价值正如金钱的价值一样，其价值在于如何很好地使用它们。一个人如果死到临头才舍得花钱,实际上他就是个穷光蛋,他的钱就好像是一堆伪钞。同样,一个人到老了才意识到学习的重要性而开始努力掌握知识,生命就会像土地因为荒废太久而错失了开垦播种的最好季节,甚至已经等不及收获。

5.时间就像是海绵里的水

季羡林在80多岁的时候,还每天坚持到图书馆查阅资料,研究新的学术课题。每天早上,季羡林总是点亮朗润园中第一盏灯,开始学习,即使最后在301医院的日子,季羡林也愿意把自己的房间改造成书房,让自己时刻保持一个与时俱进的状态。

国学大师季羡林之所以能从一个贫苦的农家孩子成为世界知名的

大学者，靠的是惜时如金，以勤补拙。他珍惜时间到了几近苛刻的程度。

季羡林善于利用一切时间的“边角废料”。正如他自己所说：“在飞机上，火车上，汽车上，甚至自行车上，特别是在步行的时候，我脑海里更是思考不停。”他不敢放松一分一秒。不然就感到十分痛苦，好像犯了什么罪。即使在住院期间，他也闲不住，经常因为一篇文章而躺在床上反复推敲，有时差不多已经成稿，一待输完液，手脚能动弹后，他就赶紧拿起笔把自己的想法写下来，而且几乎是一挥而就。

由于身兼数职，季羡林的大部分时间都被各种会议和学术活动所占据，但即便是在这种情况下，他仍会留有让大脑思考的余地。遇到一些空话连篇、信息量非常小的会议时，季羡林“往往只用一个耳朵或半个耳朵去听，就能兜住发言的全部信息量，而把剩下的一个耳朵或一个半耳朵全部关闭，把精力集中到脑海里，构思、写文章”。

除了有争分夺秒的惜时之心，季羡林还有巧用时间的妙法。季羡林在几十年间养成了一段时间内从事几种研究的习惯，不喜欢单做一件事。这种歇活不歇人的办法，季羡林屡试不爽，《罗摩衍那》就是他用这种方法翻译完毕的。

很多人都想在目前的基础上继续学习下去，但只有很少的人能真正行动起来，能坚持学习的人则更少。其中一个借口被用得最多，“我没有时间来学习”。其实这是没有规划，不分清轻重缓急的结果。

若要合理利用时间，可把事情进行分类：

(1)重要又急迫的事。如：应付难缠的客户、准时完成工作、住院开刀等等。这是考验我们的经验、判断力的时刻。但我们也不能忘记，很多重要的事都是因为一拖再拖或事前准备不足，而变得迫在眉睫。

(2)重要但不紧急的事。包括长期的规划、问题的发掘与预防、参加培训等。荒废这个领域将使第一象限日益扩大，使我们陷入更大的压力，在危机中疲于应付。反之，多投入一些时间在这个领域有利于提高实践能力,缩小第一象限的范围。做好事先的规划、准备与预防措施,很多急事将无从产生。这个领域的事情不会对我们造成催促力量,所以必须主动去做,这是发挥个人领导力的领域。

(3)紧急但不重要的事。此类可打包一下,集中处理。

(4)不紧急也不重要的事,此类事能省则省。

有些人会问:"既然每个人都只有24小时,那为什么别人的时间价值比我高那么多?"

这是因为你跟别人的效率不同,也就是你们的时间含金量不同。美国最高法院的墙上写着这样一句话:秩序是自由的保证。唯有详细的计划和合理的时间安排,才能为我们留下适当的思维空间,让你施展才华、展示能力。

除了良好的计划以及有条不紊的秩序可以帮助我们节省时间;更重要的是,我们要学会利用零碎时间,即便是一分钟也要珍惜。

鲁迅十二岁在绍兴城读私塾的时候,父亲正患着重病,两个弟弟年纪尚幼,鲁迅不仅经常上当铺,跑药店,还得帮助母亲做家务;为免影响学业,他必须做好精确的时间安排。此后,鲁迅几乎每天都在挤时间。他说过:"时间,就像海绵里的水,只要你挤,总是有的。"

鲁迅读书的兴趣十分广泛,又喜欢写作,他对于民间艺术,特别是传说、绘画,也深切爱好。正因为他广泛涉猎,多方学习,所以时间对他来说,实在非常重要。他一生多病,工作条件和生活环境都不好,但他每天都要工作到深夜才肯罢休。

在鲁迅的眼中,时间就如同生命。鲁迅最讨厌那些成天东家跑跑,西家坐坐,说长道短的人,在他忙于工作的时候,如果有人来找他聊天或闲扯,即使是很要好的朋友,他也会毫不客气地对人家说:"唉,你又来了,就没有别的事好做吗?"

列出自己的空闲时间清单。每个人的空闲时间都不一样,很多人经常会以“我没有时间”作为借口。但你要知道，自己每天学习的时间决定着自己未来的成就。你每天花在学习的时间越长，就离成功越近一步。有效地利用零散的时间是帮助你达成目标的必经之路。在开始一天的工作之前，好好做个计划，记录下需要完成的三件主要的事情。然后，你可以直接开始完成这三件最重要的事情。完成之后，再开始一天正常而忙碌的工作。

把相似的任务放在一起完成。当从一件事情转到另一件的时候，人脑需要一段时间适应。如果要处理很多邮件，那么可以一次性地一起处理，打电话、整理、复印文件和其他相似的任务也尽量一起完成。

完成一个任务，务必保持专注。工作的时候，突然想起必须给某某打电话怎么办？拿笔在便签本上记录下来就好了，然后继续完成你正在做的工作。类似打电话这些事情都是零碎的时间，相比较那种遇到什么任务就做什么任务的工作方法，专注于主要任务的工作方法无疑能节省大量的工作时间。

6.笔耕不辍，老有所为

季羡林在他的《九十述怀》中说：“在学术研究上，我的冲刺起点是八十岁以后。”1998年，季羡林完成了他平生认为最长、最艰巨的两部书，一部是长达80万字的著作《糖史》，一部是长达数十万字的吐火罗文《弥勒会见记剧本》的译释，这不得不令人感到钦佩。

季羡林曾说：“我的工作主要是爬格子。几十年来，我已经爬出了上千万的字。这些东西都值得爬吗？我认为是值得的。我爬出的东西不见得都是精金粹玉,都是甘露醍醐,吃了能让人飞升成仙;但是其中绝没有毒药,绝没有假冒伪劣,读了以后,至少能让人获得点享受,能让人爱国、爱乡、爱人类、爱自然、爱儿童,爱一切美好的东西。”

“晚霞未必逊晨曦”,季羡林晚年依然保持着旺盛的生命力,壮心不已,孜孜以求,继续为社会做着贡献。

黄公望在绘画史上独树一帜,被尊为“元四家”之首。他中年做过小吏,因张闾案受累坐牢,出狱后遂隐居不仕。

50岁左右开始山水画创作,曾受赵孟俯影响,性情上有人题他的《天池石壁图》是“滑稽玩世”“平生好饮复好画;醉后酒墨秋淋漓”。晚年的黄公望,生活旷达浪漫,常酣饮游乐。

由于长期浪迹山川,黄公望开始对江河山川产生兴趣。为了领略山川的情韵,他居常熟虞山时,经常观察虞山朝暮变幻的奇丽景色,得之于心,运之于笔。他的一些山水画素材,就来自于这些山林深处。居松江时,他观察山水更是到了如痴如醉的地步,有时终日在山中静坐,废寝忘食。在居富春江时,他身上总是带着皮囊,内置画具,每见山中胜景,必取具展纸,摹写下来。

他的很多画创作于其70岁以后,在富春江畔创作的《富春山居图》,用水墨技法描绘中国南方富春江一带的秋天景色。在构思时,他跑遍了春江两岸,用六、七年时间才画成,画面表现出秀润淡雅的风貌,气度不凡。

老有所为,不只是指继续像年轻时那样拼搏,还要老有所学,老有所新。

“活到老、学到老”的精神在李嘉诚身上也体现得淋漓尽致,至今他仍自学不辍,回家仍必做两项功课,一项是晚饭后,看电视学英文,一项是就寝前的阅读。“非专业书籍,我抓重点看;如果跟公司的专业有关,就算再难看,我也会把它看完。我从不间断读新科技、新知识的书籍,不致因为不了解新讯息而和时代潮流脱节。”

美国“西点军校”要求学员从入校就树立终身学习的观念，通过学习让自己的头脑不断更新，让自己的人生更有意义。用知识丰富头脑，用学习武装人生。

齐白石活到九十四岁，一生作画四万多幅，“为万虫写照，代百鸟传神，只有天上之龙，无从见得，吾不能画也”。

齐白石中年治印“白石山人”，以此名世。他一生作画不辍，几乎没有节假日可言，唯有抗战时滞留南京，听说母亲去世，悲痛不已，停工三天，写了一篇悼念文字。

在五十七岁时，仍有衰年变法的勇气。别的画家早就急于守成了，守得门户严严紧紧的，连只蚂蚁都休想钻进去，他却背道而驰，一改娴熟的画风，去追求陌生的艺境。

白石老人衰年变法，起因于他对自己的工笔画越来越不满意。外界强有力的赞成者和推动者是同时代的大画家陈师曾。陈师曾在欧洲学习的是西洋油画，但在中国画的造诣上也十分了得。他凭慧眼看出，齐白石有天纵之才，若打破定式，往大写意方向发展，成就未可限量。

几经琢磨，白石老人霍然悟出“大笔墨之画难得形似，纤细笔墨之画难得传神”，“作画妙在似与不似之间，太似为媚俗，不似为欺世”。他曾告诉弟子娄师白：“书画之事不要满足一时成就，要一变百变，才能独具一格。”

赞成齐白石衰年变法的还有一人，即以画马著名的大师徐悲鸿。白石老人在《答徐悲鸿并题画江南》一诗中写道：“我法何辞万口骂，江南倾胆独徐君。谓我心手出怪异，鬼神使之非人能。”

明代杰出的思想家李贽，73岁时写成了《藏书》这一名著；清代著名文学家梁章钜，年近古稀时写出我国第一部楹联书著《楹联丛话》；徐特立70岁时学习马列经典著作，把书中精辟的论述用大字抄下来贴在墙上,每天反复朗读,直到能够背诵为止。

从自身来讲,学习也是对精神的充实,在学的过程中,我们会思考,在思考的过程中,人性会得到升华。在我们短暂的一生中,需要突显自己的价值。年轻时,学是为了理想,为了安定;中年时,学是为了补充,补充空洞的心灵;老年时,学则是一种意境,慢慢品味,自乐其中。

知己难求，良友可期

1.人生难得是朋友

季羡林说："人类是社会动物。一个人在社会中不可能没有朋友。任何人的一生都是一场搏斗。在这一场搏斗中，如果没有朋友，则形单影只，鲜有不失败者。如果有朋友，则众志成城，鲜有不胜利者。"

爱因斯坦曾经说："世界上最美好的东西，莫过于有几个头脑和心地都很正直的真正的朋友。"然而，朋友不是偶然遇见的，而是在长期的交往中形成的心灵上的沟通。所以，人生难得一知己，千古知音最难觅，朋友关系虽然没有血缘的成分，但由于其真诚和正直的特质而显得更加珍贵。

有一次庄子去给一位朋友送葬，经过惠子的墓地，他不禁回过头来对跟随的人说："讲件事儿给你们听听，好不？"大家静静地听着。

有个泥水匠，他的鼻尖上沾了一点白灰，这点白灰薄得就像苍蝇的翅膀。这样一点白灰在鼻尖上虽不碍什么事,却也不怎么雅观。泥水匠就叫他的好友木工师傅匠石替他把白灰削去。

匠石很高兴地答应了,说话间便提起斧头,用力挥起,呼地一阵风响,泥水匠站着一动不动地让匠石砍削,斧头刃口过去,泥水匠若无其事地站在那儿,脸色未变,心也没狂跳,鼻尖上的白灰被尽数削去,鼻子却完好无损。

宋国的君主听说有这奇事儿,便召见匠石,说:“请试着为我表演一次。”

匠石回答道:“我确实能用斧头削掉鼻子上的石灰。虽是这样,但我所削白灰的那个朋友已离开人世,所以现在我无能为力了。”庄子讲到这里,长叹一声说:“自从惠施老先生过世以后,再也没有能和我一起深谈的人了。”

英国作家亨利·亚当斯说:“人的一生,能结交一位好友,已属难得;能结交两位,可谓幸运之至;至于结交三位,则根本不可能。”若把朋友定义在知己的层次,正应了那句“人生得一知己,可以死而无憾”。当然,知己可遇不可求,也是交朋友的最高境界。

也许不是每个人都能有幸遇到知己,但朋友却会有很多。其中,结交朋友最重要的一个原则就是平等相处,真诚相待。

齐国的相国晏子出使晋国回来,路过赵国的中牟,老远就看见一个人头戴破毡帽,身穿反皮衣,正从背上卸下一捆柴草,停在路边休息。

晏子走近发现这个人的神态、气质、举止都不像是粗野之人,就停下来问他是谁,对方说自己是齐国的越石父,3年前被卖到赵国的中牟,给人家当奴仆,失去了人身自由。

于是,晏子用自己车左侧的一匹马赎出了越石父,并同他一道回到了齐国。

到家后，晏子没有跟越石父告别，就一个人下车径直进屋去了。这让越石父很生气，他要求与晏子绝交。

晏子百思不得其解，派人出来对越石父说："晏子过去与你并不相识，你在赵国当了3年奴仆，是他将你赎了回来，使你重新获得了自由。应该说他对你已经很不错了，为什么你这么快就要与他绝交呢？"

越石父回答说："一个有自尊而且具备真才实学的人，受到不知底细的人的轻慢，是不必生气的。可是，他如果得不到知书识礼的朋友的平等相待，他必然会愤怒！任何人都不能自以为对别人有恩，就可以不尊重对方。同样，一个人也不必因受惠而卑躬屈膝，丧失尊严。晏子用自己的财产赎我出来，是他的好意。可是，他在回国的途中，一直没有给我让座，我以为这不过是一时的疏忽，没有计较。现在，他到家了，却只管自己进屋，竟连招呼也不跟我打一声，这不是说明他依然在把我当奴仆看待吗？因此，我还是去做奴仆好，请晏子再次把我卖了吧！"

晏子听了越石父的话，很是惭愧，赶紧出来向其施礼道歉。他诚恳地说："我在中年时只是看到您不俗的外表，现在才真正发现您非凡的气节和高贵的内心。请您原谅我的过失，不要弃我而去，行吗？"从此，晏子将越石父尊为上宾，以礼相待，渐渐地，两人成了相知甚深的好朋友。

与朋友相处，平等原则是基础，也是最重要的。所谓平等就是指以礼待人，礼尚往来，既不盛气凌人，也不卑躬屈膝。任何不尊重朋友的言行，都会引来对方的反感，更不会赢得别人对自己的尊重。

除了平等，对待朋友也应真诚。西方有句话说得好："你对朋友是以性格互相裸露"，在朋友面前，我们不需要伪装。子曰："巧言令色足恭，左丘明耻之，丘亦耻之。匿怨而友其人，左丘明耻之，丘亦耻之。"意思是，"说话美妙动听，表情讨好热络，态度极其恭顺，左丘明认为这样的行为可耻，我也认为可耻。内心怨恨一个人，表面上却与他继续交往，左丘明认为这样的行为可耻，我也认为可耻。"

此外,交朋友还要依据什么样的原则?根据孔子的说法,志趣是非常重要的。志趣是什么?就是爱好,譬如你喜欢爬山,他喜欢游泳;他喜欢下棋,你喜欢读书。这样两个兴趣爱好不同的人,是很难发展深厚交情的。又譬如一个人的志趣在艺术,若结交喜欢科学的人当朋友,大概就很辛苦,所以要找跟自己有类似志趣的朋友。

朋友是人生旅途中不可缺少的伴侣,是最坚实、最朴素的情感。你可以没有爱情,但不能没有友情。人生不能没有朋友,也不能随意地交朋友。真正的朋友是良师益友,是黑暗中的指路明灯,每个人要懂得珍惜。

2.君子之交淡如水

庄子云:“夫相收之与相弃亦远矣,且君子之交淡若水,小人之交甘若醴。君子淡以亲,小人甘以绝,彼无故以合者,则无故以离。”交朋友不应因为金钱、地位、才华、容貌而加以区别对待,应以志趣相投,价值观一致作为交友的准则。

季羡林与胡乔木是清华的同学,对于一般人来说,会为胡乔木这样掌大权的同学而自豪,自然会主动联系,这好像是人之常情,但季羡林却将他们的关系处理得很淡。

当年,季羡林与胡乔木同时考入清华大学。之后,胡乔木走上了政治斗争的道路,季羡林走的是学术研究道路。两人阔别多年,直到1949年春夏之交,两人才联系上,当时胡乔木已是中共中央宣传部副部长。

此后,胡乔木多次前往季羡林家中看望。不过,季羡林却“来而不往”。他说：“我是一个上不得台面的人，我很怕见官。”在季羡林眼里，老同学胡乔木已经是个“大官”，作为中国传统的知识分子，季羡林极力避免“攀龙附凤”之嫌。胡乔木的“官”做得越大，季羡林越是与这位老同学保持着一定的距离。正如季羡林自己所说，胡乔木到他家来看望，他的家季羡林却一次也没有去过。

1986年冬天，季羡林终于去了一趟胡乔木的家。当时，北京大学学生有一些爱国的活动，胡乔木很重视，想找季羡林聊聊，听听他的看法。那时胡乔木已经是中共中央政治局委员，在这个敏感的时候前往北京大学看望季羡林，是不方便的。于是，胡乔木征得季羡林的同意，把他接到了中南海住所。那天上午，胡乔木跟季羡林一见面，就说：“今天我们是老校友会面，你眼前不是政治局委员、书记处书记，而是六十年来的老朋友。”中午，他们还一起吃了饭，这次见面使得季羡林对胡乔木的生活状况有了直接的了解。

但是，对于胡乔木的“官位”，持有“知识分子传统心理”的季羡林还是忌讳的，他从不主动提出去看望胡乔木。直至1992年，胡乔木病重，季羡林在医院与胡乔木见了最后一面。

胡乔木去世后，季羡林才道出了对胡乔木真正的感情：

平心而论，胡乔木虽然表面上很严肃，不苟言笑，实则他是一个正直的人，一个正派的人，一个感情异常丰富的人，一个脱离了低级趣味的人。六十年的宦海风波，他不能无所感受，但是他对我半点也没有流露过。他大概知道，我根本不是此道中人，说了也是白说。在他生前，大陆和香港都有一些人把他封为“左王”，另外一位同志同他并列，称为“左后”。我觉得，乔木是冤枉的。他哪里是那种有意害人的人呢？我同胡乔木相交六十年。在他生前，我有意对他回避，绝少主动同他接近，这是我的生性使然，无法改变。他逝世后这一年多以来，不知道是为什么，我倒常常想到他。我像老牛反刍一样，回味我们六十年交往的过程，顿生知己之感。这是我以前从来没有感到过的。现在我越来越觉得，乔木是了解我的。有知己之感是件好事，然而它却加浓了我的怀念和悲哀。

唐朝名将薛仁贵因功受封后，送礼的人络绎不绝，他却只收下由普通老百姓王茂生送来的两坛“美酒”。打开后发现装的是水，可他一点都没生气，并当众饮下三碗，告诉大家说，王家贫寒，就算送水也是一种真诚的美意，这就叫“君子之交淡如水”。

君子之交淡若水，朋友之情虽清淡却真实长久。而只看重互利互惠的友谊虽如酒甜却是虚伪善变的。水，淡且无味，无形无色，清澈透明，能做到淡如水的交情必定是人生的最高境界。可世人朋友虽多，可真正算得上淡如水的情谊也许是少之又少。有几人能把这友谊之水把握得恰如其分？冷一度会凝成冰，热几分却又化成了气。而水是最原始的形态，如水，便也是朋友之间最初最真的状态了。

范仲淹在做官的时候认识了年仅二十岁的富弼。一面之后，范仲淹对富弼大为欣赏，认为他有王佐之才，把他的文章推荐给当时的宰相晏殊，还替他做媒，让他做了晏殊的女婿。

几年以后，因为当时在山东一带多有兵变，有些州县的长官见乱兵攻打不是进行抵抗，而是开门延纳，以礼相送。兵变被镇压后，朝廷派人追究这些州县长官的责任。

富弼很生气地说：“这些人都应该被判处死罪，否则的话，就没有人再提倡正气了。”

范仲淹则说：“这些县官进行抵抗的话，又没有兵力，只是让百姓白白受苦罢了，他们这种做法，大概是为了保护百姓采取的权宜之计。”二人意见不同，争执起来。

有人劝富弼说：“你也太过分了，你难道忘了范先生对你的大恩大德了吗？你考中进士后，皇帝就下诏求贤，要亲自考试天下的士人。范先生听到这个消息后，马上派人把你追回来，还给你准备好了书房和书籍，让你安心温习考试，你也因此被皇帝赏识，难道你都忘记了吗？”

富弼回答说：“我和范先生交往是君子之交，范先生举荐我并不是因为我的观点始终和他一样，而是因为我遇到事情都有自己的观点。我怎么能因为报答他举荐我的情意而放弃自己的主张呢？”

范仲淹听后说：“我欣赏富弼就是因为这个原因啊！”

时下，人们对友谊的观点有所变化，不再像以前那么单纯。从“君子之交淡如水”的纯洁，变成了“朋友之间就是互相帮忙”的势利。而且很多人交友功利性特别强，比如为了尽快缩短差距，减小距离，不惜运用各种手段，使得彼此的关系掺杂了太多铜臭味，这种建立在利益基础上的友谊终会变味腐烂。

我们不能奢望那种纯粹、不掺杂任何利益的友谊，但我们至少应该少一点功利心。比如在与朋友交往的时候，要坚持自己的主张，不盲从，不随便附和。这样的友情，虽然看起来像水一样平淡，但是却可以更加长久。

水，本无形却可演变万形，本无味却能演绎万味，本无色却蕴藏万色。因为淡，历久生香，所以绵长，既不累心，又可悦人；因为淡，远离功利，跳出诱惑，赋情感以本真，予生活以原味，在尘世中浮沉不变色，在众生中穿梭不迷失。淡然如水的情谊，无色无味，透明纯净，确保永不变色。

3.择友:听其言而观其行

明代张瀚的《松窗梦语》记载了这样一个“轿夫湿鞋”的典故:

他在初任御史参见都台长官王廷相时,王廷相没讲什么大道理,却跟他讲了个乘轿见闻。他说,昨天乘轿进城遇雨,有个轿夫穿了双新鞋,刚开始还择地而行,小心翼翼,怕弄脏了鞋子。进城后,泥泞渐多,一不小心踩进泥水中,便“不复顾惜”,无所顾忌地在泥水中行走了。王廷相对此感慨地说:“居身之道,亦犹是耳,倘一失足,将无所不至矣!”

季羡林把几类朋友放在一起进行评价,他说:“我交了一辈子朋友,究竟喜欢什么样的人呢?约略是这样的:质朴、平易;硬骨头、心肠软;怀真情、讲真话;不阿谀奉承、不背后议论;不人前一面、人后一面;无哗众取宠之意,有实事求是之心;不是丝毫不考虑个人利益,而是多为别人考虑,关键是个“真”字,是性情中人。”

武则天禁止天下屠杀牛羊捕捉鱼虾,张德因其妻生子,私下杀羊宴请同僚,也请了杜肃。

杜肃赴宴后表面上很亲热,散席后却偷偷带回一个肉饼,暗中向武则天告密。

武则天问明情况后,宽恕了张德,并对他说:“天下禁杀,红白喜事不在其中,不过,你今后交朋友,应该有所选择。”说罢,她将杜肃的告密奏章公之于众,杜肃臊得无地自容,满朝文武都欲“唾其面”。

的确，交友贵在"真"字。俗话讲，"知人知面不知心"，对人的认识，如果仅仅知道人的音容笑貌、仪表言谈并不难，困难的是全面认识其素养、道德品质。外在的言语与内在的品质之间并没有必然的联系，所以要观察一个人必须从观察其行为入手。

诸葛亮认为夫人之性，莫难察焉，善恶既殊，情貌不一。有温良而为诈者；有外恭而内欺者；有外勇而内怯者；有尽力而不忠者。他在《诸葛亮心书》中，总结了七条识人之道。一曰：问之以是非，而观其志。二曰：穷之以词辩，而观其变。三曰：咨之以计谋，而观其识。四曰：告之以祸难，而观其勇。五曰：醉之以酒，而观其性。六曰：临之以利，而观其廉。七曰：期之以事，而观其信。

司马迁在《史记》中也对如何品评一个人界定了方法和依据。即居视其所亲，富视其所与，达视其所举，穷视其所不为，贫视其所不取，王者足以定之矣。通过若干事件的综合，我们不难得出这样的结论：这个人可交或是不可交。不可交者，轻拿轻放，不露任何声色，对其敬而远之即可；可交者，就要真诚地用'心'和他交流、相处，以期在心灵的碰撞中闪烁'知心'的火花。

有个人一辈子广交天下豪杰。却在临终前对儿子讲："我自小在江湖闯荡，结交的人如过江之鲫，其实我这一生就交了一个朋友。"

儿子纳闷不已，他就贴在儿子耳朵跟前交代了一番，然后对他说，你按我说的去见见我的这一个朋友，朋友的要义你自然就会懂得。

儿子先去了父亲认定的"朋友"那里。对他说："我是文耳的儿子，现在正被朝廷追杀，情急之下投身你处，希望予以搭救！"这人一听，容不得思索，赶忙叫来自己的儿子，喝令儿子速速将衣服换下，穿在了眼前这个并不相识的"朝廷要犯"身上，而自己儿子却穿上了"朝廷要犯"的衣服。

儿子明白了：在你生死攸关时刻，那个与你肝胆相照、甚至不惜割舍自己亲生骨肉搭救你的人，可以称作朋友。

孔子在《论语·为政》篇中又作了进一步说明,他说:“视其所以,观其所由,察其所安,人焉廋哉?人焉廋哉?”意思是说了解一个人,要看他言行的动机是什么,观察他为了达到目的所采取的方法是怎样的,还要考察一下他安心于做什么,也就是他最有兴趣做的是什么。以这样的方式去考察一个人,他还有什么可以隐瞒得了的呢?

知人的基本方法,无非听其言观其行,但要以观其行为主。思想指导人的行为,心里想什么,想要干什么,必然体现在他的言行上。但也有些人的言行并不一致,可以说是语言的巨人,行动的矮子。

如果仅听其言,很可能会受其所骗。一般而论,刚直的人,心里所想的就照说照干,这种人言行一致易于了解,可以听其言观其行并知其人。但狡猾的人,以其漂亮的言辞,合乎道义的行为掩盖其罪恶的用心,因而获得人们的赞赏和支持,以达到其不可告人的目的。因此,识人要听其言,更要观其行,综合考量。

4.忠言逆耳,药苦养心

季羡林也曾受到当头棒喝,但他事后顿觉醍醐灌顶。

赴德留学期间,季羡林写了一篇论文,耗时一年。但他将自己的心血之作交给导师时却被全盘否定。“我打开稿子一看,没有任何改动。只是在第一行第一个字前面画了一个前括号,在最后一行最后一个字后面画上了一个后括号。整篇文章就让一个括号给括了起来,意思就是说,全不存在了。”

导师的批示,意味着一年的努力都白费了,这对当时的季羡林打击很大。导师对他说:“虽然看起来观点全面,但全是别人的思想,没有自己的思考,这就是我让你重做的原因。”季羡林没有任何怨言,又认认真真重写了一篇论文,终于得到了导师的认可。

有时,真话听起来不顺耳,但有利于改正缺点,取得进步。

唐代有个人叫王贞白,曾将自己写的讽刺诗《御沟》(皇家下水道叫御沟)给贯休看。诗曰:一派御沟水,绿槐相阴青。此波涵帝泽,无处濯尘缨。

贯休是个和尚,诗写得奇,画画得好,但为人坦诚直率。他指着诗说:“你这诗虽好,但不完美,要改一字,诗才有‘味’出来”。

王贞白一听,责怪贯休傲慢。本来是想听他夸几句的,让自己先得意一下,而这和尚开口就说要改字!多自得的诗啊,还改字?于是,他脑子发热,心里发堵,一甩袖子就走人了。

可贯休和尚想的是,这王贞白是个人才,心胸必然很宽。刚才,只是一时冲动才走的。而且他才思敏捷,琢磨过味来就会回来的。于是,贯休就把想改的字先写在左手心里。

果不其然,功夫不大王贞白回来了,一进门大声喊道:“此中涵帝泽”。贯休举开左手掌心:“你看,正是‘中’字”。两人开怀大笑不止。

古人能听进逆耳忠言的不胜枚举。唐代大文学家韩愈,才华横溢。一开始,他不能耐心听取别人的意见,且生活上有失检点,喜欢赌博。他的好友诗人张籍并不因为韩愈才名远播,就对他姑息迁就。他一再给韩愈写信,直言不讳地规劝忠告。韩愈终于认识到自己的错误,幡然悔悟,并把张籍引为生平第一至交。真是“良药苦口利于病,忠言逆耳利于行”,只有真正的好朋友才能这样直言相告。

世间爱听好话的人居多,甚至明明知道自己错了,听着别人支持自己的错还万分感激,以为这样才够朋友。其实,这样的朋友才是最可怕的。明明看到你的错误,而不加以指正,这会使你错上加错,甚至误入歧途。到那时,悔之晚矣。

一方面,我们要以宽容的心对待别人的逆耳忠言。另一方面,我们也要学会绕个圈子,讲究技巧,让忠言不那么逆耳。善意应体现于善言,才能收到动之以情、晓之以理的效果。

乐羊子家境贫寒,外出学艺7年未归,妻子与婆婆相依为命。

一天,婆婆饥饿难忍,便偷杀了邻家一只鸡。乐妻得知后虽生气,却没有责怪婆婆。当婆婆将煮熟的鸡端上饭桌时,乐妻却不动筷子。

婆婆问其故,乐妻哭着说:"媳妇不孝,没能侍候好婆婆,竟让你吃不上自家的鸡。"

婆婆闻言,羞愧不已,从此以后再也没有发生类似的事儿。

人都是有自尊的,听到反对的声音,首先考虑的大多不是"这是忠言""这是为我好",而是对自尊的保护,是对反对声的防御和反击。在这个时候,即便有一肚子话要讲,也要先咽回去,接下来,找个没人的地方,悄悄拉他到一边,两个人推心置腹"咬个耳朵",也许效果更好。

此外,当一个人情绪激昂的时候也万不可迎头一盆冷水浇下来。即便说了,也是白说。那时的人活在自己的世界中,只要他不走出这个世界,一切劝或骂,都是无效的。

最有效的劝导,一定要选对时机。当他开始反思自己的行为,他的动作开始慢了下来时,朋友该上前了,把你顺耳的忠言一一奉上,他接受起来会更容易。

5.患难之中磨砺友情

季羡林曾被劳改、批斗，平白无故地被扣上一些莫须有的罪名，成了不受欢迎的人。那是季羡林生命中最艰难的时光，之前亲近的朋友大多不再与他交往，唯恐因为他而将祸患引到自己身上。但还是有极少的良友对深陷灾祸的季羡林给予了关怀。

有一次，季羡林因为身患疾病，想看医生，行动又多有不便，一个同样蒙受灾祸的朋友想帮帮他，但因为当时身份敏感，季羡林“吃了豹子胆也不敢接受这样的帮助”，怕害了老友。但老友的这番心意还是让他感动不已。后来，季羡林曾多次提及此事，他之所以不能忘怀，是因为患难之时的友谊让黑暗中的人看到了光明。

荀巨伯有个远方的朋友病重，他去看望他。当时正遇上胡贼进攻这个地方。于是，荀巨伯病中的友人对他说：“我已是快死的人了，你回去吧！”巨伯说：“我特意从远方赶来探望你，如今你有难，我却离你而去，巨伯岂能做出如此之事呢？”很快，胡贼就攻到巨伯友人的住地了。

到来的胡贼对巨伯说：“大军到这里来，发现这地方的人都走光了。你是什么人，竟还独自待在这里？”巨伯回答说：“友人有病在身，我不忍弃他而去。现在我宁愿用自己的身体来换取友人的性命。”胡贼听巨伯这样一说，感到很是惊讶。过了一会儿，胡贼首领把他的所有同伴招集过来，说：“我辈无义之人，反而侵入了有义之国。”于是，偃旗息鼓，退回到他们自己的国家去了。

人的一生总会有一些朋友，在你飞黄腾达的时候，围着你团团转，在你失意的时候呼啦作鸟兽散。

当你呼朋唤友请客吃饭的时候，也许有个朋友很少到场。当你需要馒头咸菜渡过危机的时候，海吃海喝称兄道弟的朋友也许还在品尝着美味佳肴，但不一定想起你。而那个你认为不够朋友的少言寡语的人也许会在这个时候出现在你的面前，请你到地摊去喝点扎啤、吃点烧烤。

想想自己是否在得意的时候，还能关注囊中羞涩的朋友；是否在腰缠万贯的时候，还能想着一起玩耍的发小；是否在左右逢源的时候，还能认识到有朝一日会无路可走。患难中，真正为你考虑，不惜牺牲自己利益而帮助自己的人才是真朋友。

管仲二十来岁时就结识了鲍叔牙，起初二人合伙做点买卖。因为管仲家境贫寒就出资少些，鲍叔牙出资多些。生意做得还不错，可是有人发现管仲用挣的钱先还了自己欠的一些债，到年底分红时，鲍叔牙分给他一半的红利，他也就接受了。

这可把鲍叔牙手下的人气坏了，有个人对鲍叔牙说，他出资少，平时他开销又大，年底还照样和您平分效益，显然他是个十分贪财的人，要我是管仲的话，我一定不会厚着脸皮接受这些钱的。

鲍叔牙斥责手下道："你们满脑子里装的都是钱，就没发现管仲的家里十分困难吗？他比我更需要钱，我和他合伙做生意就是想要帮帮他，我情愿这样做，此事你们以后不要再提了。"

后来管仲和鲍叔牙一起充了军，二人更是相依为命。有一次齐国和邻国开战，双方军队展开了一场大厮杀，冲锋的时候管仲总是躲在最后，跑得很慢，而退兵的时候，管仲却跟飞一样地奔跑。当兵的都耻笑他，说他贪生怕死，领兵的想杀一儆百拿管仲的头吓唬那些贪生怕死的士兵。鲍叔牙替管仲辩护道："管仲的为人我是最了解不过了，他家有80多岁的老母亲无人照顾，不能不忍辱含羞地活着以尽孝道。"管仲听了鲍叔牙的这番话，感动地流下了热泪，他哭诉道："生我的是父母，而了解我管仲的，唯有鲍叔牙啊！”

《水浒传》中的宋江，要武艺没武艺，要家庭背景没家庭背景，要财富没财富，但就是这样一个人，却坐上梁山的第一把交椅。原因何在？就因为他是“及时雨”，总能在别人困难的时候伸出援手。

虽然很少有人能做到“人饥己饥，人溺己溺”的境界，但我们至少可以随时体察一下别人的需要，时刻关心朋友，帮助他们脱离困境。当朋友身患重病时，你应该多去探望，多谈谈朋友感兴趣的话题；当朋友遭到挫折而沮丧时，你应该给以鼓励，“这次失败了没关系，下次再来”；当朋友愁眉苦脸、郁郁寡欢时，你应该多亲切地询问他们。这些适时的安慰，会像阳光一样温暖受伤者的心田，给他们希望。

第九课

无愧于心，襟怀坦荡见境界

1.永远保持一颗初心

季羡林养了一只猫。有一次，有位访者来了，猫还趴在他的膝盖上。季羡林说："你是好人，猫能看出谁是好人。"

季羡林还喜欢养小乌龟。有一次三只小乌龟有一只爬丢了，季羡林就吃不下饭，担心乌龟会死掉。后来他的朋友知道后，就到市场上买了一只相似的乌龟给他送去。季羡林像孩子一样开心。可没想到第二天丢失的那只小乌龟又爬了出来，四只小乌龟待在一起，季羡林就很疑惑，"怎么会多了一只呢"。后来，他的朋友只好坦白从宽。

有些人觉得像季羡林这么大的学者可能不食人间烟火，但季羡林实际上既具有慧眼，又有童心。尘世蹉跎，如果一个饱经世故的人，还能像儿时那样待人，那样察物，说明他尚有一颗清澈纯净的初心，在社会这个大染缸里，委实难得。

"初心"就是没有沾染任何杂质，以此心做事的意思。

有一个很穷的女人将自己仅有的两文钱供养三宝，道场里的方丈和尚是一位菩萨，亲自为她回向。没想到，这个穷女人后来竟然成为皇后，并且带着许多宫女到寺院里修大供养。

这次，方丈和尚只让徒弟去为她诵经回向，并没有亲自主持。她就觉得很奇怪，去问老和尚："从前我很穷苦的时候，到这儿来才布施两文钱，你却亲自为我回向。今天我带这么多财富来供养三宝，你怎么让徒弟来为我回向呢？"

老和尚回答说："那时的两文钱，是你全部的财产，你付出真心，我不能不替你回向。今天你成为皇后，有亿万财富，这点钱对你来说就是九牛一毛，我的徒弟给你回向足够了。"

不忘初心是佛教《华严经》里有一句经文，意思是说不要忘记我们最初的一个本心，不计较，不功利。比如你坐禅，不是为了坐禅以外的目的而坐。你若能每天持之以恒做这种简单的修行，最终一定会获得某些奇妙的力量。

在我们一无所有的时候，往往更容易保持初心。就像儿时，我们的内心简单到一块糖就可以满足。而随着拥有的越来越多，我们就会开始计较，开始患得患失，忘记最初的简单的初心。

在向着目标进发的过程中，越来越多的人习惯受各种言论的影响，被得失左右，以致忘记了自己做事的初衷。而有时候我们怀着一颗单纯的心去做事，始终如一地保持当初的信念，反而会收获美好。

蒲松龄说自己是"苦行僧"转世，他这一生做的事情太多——考科举、写小说、组建家庭。每一项都足以压垮一个人。

蒲松龄年少分家吃亏，家中儿女多，一生在温饱线上挣扎。可在如此清贫的日子里，他还写了《日中饭》《祭穷神文》。这类文章不仅是对生活现状的描述,其中更包含了在困难生活中却保持乐观、不失风趣的心。这保持乐观的初心,伴他走过了人生旅途中最困难的岁月。

少年巧得志,此后屡屡落榜是蒲松龄在官场仕途中的真实写照。少年时,蒲松龄的文章被考官赏识,便以为自己能突破科举,可清王朝呆滞古板的八股文是容不下他的,屡试屡败,屡败屡试。这其中也许有考官的误导误判,可聪慧的蒲松龄落榜数次后也就真的没有一点察觉吗?恐怕只是一颗坚持的初心让他没有放弃,纵然被旁人耻笑。

他花费毕生心血写成《聊斋志异》。连圣贤都说:“子不语怪力乱神。”他耗心耗力搜集故事,在他人看来是在做一件“玩物丧志”的事。家贫如洗却笔耕不辍,难以想象他要背负多大的压力。但那份自始至终的初心陪伴着他,陪他度过了夜晚中挑灯写书的时光。

一个人积累了太多的教训,懂得了许多世故,也就不容易再用单纯的心情去看世界。他知道事情会有利害之分,知道许多可能的后果,于是对世事充满了怀疑与戒备。这怀疑戒备就把其严严密密的囚禁在一个狭小的天地里,不再能用坦然无邪的心情去欣赏美好的事物和人情,也难以再用心无旁骛的心态去做事。

有一群青蛙想要爬上一座很高的塔顶领略高处的风景。于是,大家结伴一起向着塔顶进发,途中,一些青蛙说:“真热啊,这天气怎么能爬上去?”于是,一些青蛙选择了放弃。爬着爬着,又有青蛙说:“太累了,靠我们的体力是爬不到塔顶的。”于是,又有一些青蛙停止向上。

最后,只有一只青蛙爬了上去,但它不是最强大的,也不是最聪明的。它之所以能坚持到最后,因为它是聋子,沿途听不到别的青蛙丧气的话语,只记得自己出发的目标是塔顶!或者说,它的耳聋帮它排除了外界诸多的干扰与诱惑,保持了一份安静的初心。

禅师告诉我们，不要“着相”，即不要纠结于眼前的事物，要专注于自己内心，就能不被外界影响，最终实现“初心”。而初心，不只能让我们拥有更多简单的快乐，也能带领我们奔赴事业之巅。

2.一身硬骨，一生不卑不亢

无论是做人还是做学问，季羡林总是给人一种不卑不亢的形象。他曾自我调侃："我这个人有个特点，说好听的就是心还没有全死，还有一点正义感；说不好听的就是，我是天生的犟种，很不识相。"

20世纪60年代，暴风雨远未到来之时，季羡林还未遭到迫害与打压，他本可暂时离开以躲灾祸。但在短暂的消沉后，他又重新站了出来："我命定了必须站在暴风雨中。"

由于对抗中季羡林决不妥协，招致的后果是被抄家。虽然遭到打击，但季羡林依然保持着自己的骨气，面对打压从没屈服。他在《牛棚杂记》一文中写道："大概我天生就是一个不识抬举的家伙，一个有着花岗岩脑袋瓜死不悔改的家伙。虽然经过了炼狱般的锻炼，我并没有低头认罪。"

不久，一个官员找季羡林谈话，依然是旧事重提，让他交代问题。季羡林气愤地说道："我的全部资料不是已经被你们查抄了吗？这些问题不是已经都‘交代’过了吗？你何不去查过去的资料，一查便知，又何苦来打扰我的美梦！"由于这种态度“极为恶劣”，不把领导放在眼里，季羡林想到那些人会采取更加严厉的报复手段，但他却并未放在心上，“夜里照睡不误，等候着暴风雨的来临”。

季羡林就是这样，不屈服强权，活得正气凛然，铁骨铮铮。他的这种“硬”不仅是一种骨气，更是顶天立地的大丈夫情怀。

与不如自己的人相处，不要显出居高临下的傲慢。三十年河东三十年河西，未来谁又能说得准呢？不如放下位置差别，用心去交流。

与尊贵者交流，不要以身份、地位上的差别而低声下气地讨好奉承。这表面上似是尊重对方，其实它与尊重是有本质区别的。阿谀奉承、虚情假意、夸大其辞、别有用心，只能让尊贵者反感、嫌恶、痛恨。当然，个别尊贵者好大喜功，乐于听奉承话，对于这样的人我们要做到张弛有度，把握分寸，不卑不亢，即尊重对方又尊重自己。

平等、尊重是与人交往的必备素养。只有尊重他人，我们才能得到别人的尊重。

有一天，有位刁蛮的公主遇到了一位相貌丑陋的大学者。

于是，她当众奚落他说：“在相貌丑陋的人的脑袋里，怎么可能有了不起的智慧呢？”

在受到如此羞辱之后，他不但没有恼怒，反而与公主唠起了家常：“尊敬的公主，王宫里一定有很多上等的美酒吧？”

公主得意地点了点头：“那当然。”

大学者又问：“那些美酒装在什么容器里？”

公主毫不犹豫地回答：“都装在坛子里。”

大学者故作惊讶，惋惜地问：“贵为公主，为何不以富丽堂皇的金器、银器盛酒，反而以粗陋的坛子装酒呢？”

公主觉得他的话很有道理，便令宫中仆人立刻改用金器、银器来装酒。

几个月之后，皇帝举行国宴时发现，那些珍藏多年的美酒竟然变得索然无味了。

公主突然想起那位丑陋学者来，她恍然大悟，就是大学者唆使她干的。于是，她让皇上派人将他找来算账。

“你为什么让我用金器、银器来装酒呢？”公主怒不可遏地问大学者。

大学者微微一笑：“我只是想通过此事让你明白，就像粗陋的坛子与美酒一样，世界上有许多珍奇贵重的东西，必须装在貌似普通的容器中，才能保存其独特的价值。”

国王听了他的话，觉得这位学者非同一般，很少有人能不卑不亢地与公主说话。于是任命其为大夫，为自己出谋划策。

与身份地位对等的人交往，我们多半都能从容以对，谈笑自若。交情浅的，见了面互相打个招呼，彬彬有礼，温文尔雅；交情深的，见了面你诙我一谐，我幽你一默。这时候，大家都能当得起“不卑不亢”的赞誉。

一旦对方的身份地位改变，有些人便从容不起来，更自若不下去。比如见到比自己差的人，内心的自信就不由自主地膨胀，语气也傲慢起来。而见到比自己强的人，内心的自卑就不由自主地冒出来，变得拘谨，甚至噤若寒蝉。

欺下会让对方厌恶，媚上也得不到对方的欣赏。所以，无论面对什么人，无论他的身份或高或低，我们一定要一视同仁，既不卑屈，也不高傲。

不卑不亢，无形中给人一种无可抗拒的力量，展示出你的成熟矜持与个人尊严，会让对方对你产生敬重，更有助于抬高你在对方心中的地位。

3.多给予少索求

在四川地震时，季羡林向灾区捐款20万元，帮助修缮校舍，而他却从未要求改善自己的居住条件。在季羡林离开人世时，他的灵堂搭建在北京大学百年讲堂的大楼当中。灵堂开放当天，就有3000多人戴着白花，排着长队入灵堂祭拜季羡林。季羡林的弟子则纷纷在老师的遗诏前含泪跪拜叩首。他的一位学生不远千里来祭拜，并说："人们来看季羡林，他的学问高是敬重的一部分，更敬重季羡林像老黄牛一样默默地奉献。"

鲁迅说："横眉冷对千夫指，俯首甘为孺子牛。"多一些奉献，少一些索取会过得更有境界，也会让人生更有意义。

郭明义被人民群众亲切地誉为"雷锋传人"。他先后捐款20万元，资助了300多名贫困孩子。他还无偿献血6万多毫升，相当于人身体全部血量的10倍。他第一批加入鞍山市造血干细胞捐献和遗体(器官)捐献志愿者行列。

而郭明义并不富有，或者应该说他的家一贫如洗，一家3口至今还住在鞍山市郊一个80年代中期所建的，不到40平方米的单室里，水泥地、白灰墙，没有任何装修。最值钱的电视机，还是团市委听说他捐献了3台电视机后，专门送给他的。22岁的女儿至今住在只有4平方米的门厅里。

多给予可以让我们活得充实，即使我们什么都没有，一样可以给予别人正能量，给人信心和希望。

曾有一个人跑到释迦牟尼佛祖面前哭诉："我无论做什么事都不成

功，这是为什么？”佛祖说：“这是因为你没有学会给予别人。”那个人申辩说：“可我是一个一无所有的穷光蛋呀！”

佛祖说：“并不是这样的。一个人即使没有钱，也可以给予别人七样东西：第一，颜施，就是用微笑与别人相处；第二，言施，就是对别人多说鼓励的话、安慰的话、称赞的话、谦让的话、温柔的话；第三，心施，就是敞开心扉，对别人诚恳；第四，眼施，就是以善意的眼光去看别人；第五，身施，就是以行动去帮助别人；第六，座施，就是乘车坐船时，将自己的座位让给老弱妇孺；第七，房施，就是将自己空下来的房子提供给别人休息。无论是谁，如果有了这七种布施的习惯，好运就会随之而来。”

释迦牟尼佛祖从佛的角度解释了人要有一颗善待他人、布施天下之心的道理。天地造人，既给了人索取的权利，也给了人付出的义务。人这一生，说简单了就是一边在得到，一边在奉献的过程；或者说是一半是索取，另一半是给予的过程。我们这些俗人在盘点人生的得与失时，总习惯于计较：对于得到的多多益善、永不知足，对于付出的总觉得得不偿失。造物主给了每一个人至少七种可以布施给别人的东西，却常被我们忽视，不自觉地把这七样东西视为私有，只留给自己享用。

从前有一个非常吝啬的人，他从来没有想过要给别人东西，连别人叫他讲“布施”这两个字，他都讲不出口，只会“布、布、布……”个半天，好像一讲出这两个字，自己就会有所损失。

佛陀知道这件事后，想去教化他，于是到他住的城镇去开示。佛陀告诉大家布施的功德：一个人这辈子之所以富有，比别人长得高、长得帅，所有一切美好的事物，都跟上辈子的布施有关。

这个吝啬的人听了佛陀的教示之后很感动，可他仍然布施不出去，为此深感烦恼，便跑去找佛陀，说：“世尊呀！我很想布施，但是做不到。”

佛陀从地上抓了一把草放在他的右手，然后要他张开左手，佛陀说：

"你把右手想成是自己,把左手想成是别人,然后把草交给别人。"这个吝啬的人一想到要把这把草给别人,就呆住了,急得满头大汗,仍然舍不得给出去,最后,他突然开悟:"原来左手也是我自己的手。"就赶紧把草给出去,自己也为此深感欣慰。第二次他只花了约一分钟,就把草给出去了。后来,他能很简单地就把草给出去。佛陀又说:"现在你把草放在左手,把右手张开,将草交给别人。"第一次他也是想了半天才给出去,第二次他很容易就交出去。最后,佛陀对他说:"你现在把这把草给别人。"他便把这把草给了别人。经过不断的练习,这个有钱人便把财物布施了穷人,终于得到了他以前从未有过的幸福。

与人玫瑰,手留余香。在付出中,我们可以体会到人生的价值与乐趣,所以有人说给予比接受更让人快乐。小到一朵花、一个眼神、一句温暖的话,在给别人快乐的同时,我们也收获了笑容与感动。我们的心灵就像一朵常新的花朵,不仅需要他人的关爱来浇灌,还需要用付出去滋润。

佛祖也好,上帝也罢,它们只是把做人的道理告诉我们,然后任由我们自己选择做人的信条。可是,人活着,并不纯粹是为自己,至少应该懂得"滴水之恩,当涌泉相报"的道理,多给予别人一点,我们的生命就会增加一份价值,而且应当相信,给予实际上也是一种收获。有时候,帮助了别人,也同时是成全了自己。多给予,少索取,最后算总账,未必吃亏。一个懂得如何付出的人,才真正懂得生活的意义。

4.钓沽名者无贤士

季羡林曾提到做学问的态度问题，强调要有“学术良心”。季羡林认为学术是老老实实的东西，不能掺半点假。如今有很多人剽窃别人的学术成果，或者沽名钓誉地创造新学说或新学派，而后篡改研究真相、伪造研究数据。这些人都被季羡林称作是“地地道道的学术骗子”。

自古至今，世上的沽名钓誉者不在少数。有些人通过学问来提高自己的名誉和地位，还试图以此来为自己获得利益。

卢藏用一直得不到其他人的赏识，他想到，终南山离长安皇城非常近，要是在终南山中隐居，一旦自己有了名声便立即能被皇帝知道，然后便能顺利地进入官场了。

于是，他跑到终南山隐居。在山中，他优哉游哉地过起了日子，等着得到朝廷的重用。

卢藏用在山中等了好些年不见皇帝差人来请。后来，皇帝移驾洛阳，他又跟着跑到嵩山隐居。于是大家慢慢都知道他这是“醉翁之意不在酒”，有人便赠给他一个“随驾隐士”的称号。

武则天知道了卢藏用的存在，终于把他请出了山，封了他一个左拾遗的职务。左拾遗虽然是八品，比县令还低了一级，却引人眼热，因为离皇帝近，容易升官。卢藏用不出几年就做到了吏部侍郎。

卢藏用如愿以偿做了官，却是个没实学的人，任吏部侍郎时，只好出卖自己的良心，“趑趄诡佞，专事权贵，奢靡淫纵”，最后被流放到了外地。

一些专家学者频出惊人之语：李白是“大唐第一古惑仔”，岳飞是奸臣，李清照嗜赌，等等。还有人对备受崇敬的现代英雄人物进行颠覆：“雷锋是因为帮人太多累死的”“黄继光是摔倒了才堵枪眼的”“董存瑞是因为被炸药包上的两面胶粘住才牺牲的”，等等。

这些语不惊人死不休的解读，透露其明显的沽名钓誉的目的。但令人匪夷所思的是，如此哗众取宠的言论竟然真的被广为关注与流传，这些有“独到学术发现”的专家学者不仅未受任何惩戒，反而因此迅速蹿红名利双收。受此影响刺激，社会上一些人也开始沽名钓誉。

有一次，卫灵公郊迎孔子，又盛设国宴为之洗尘，便使孔子受宠若惊，决心肝脑涂地以报卫灵公知遇之恩，所以当卫灵公问孔子可否兴兵伐蒲时，孔子便不假思索地回答说：“公叔戌乃卫之大患，乱臣贼子，人人得以诛之！”

卫灵公点点头说：“或曰，蒲乃卫防御晋、楚之屏障，出兵伐蒲，自毁屏障也。”

孔子说，“为国为君，蒲之男有捐躯之志，蒲之女有卫家之心，皆不愿随贼叛乱。讨伐逆贼，唤起男女，乃加固屏障也！”

“唔，唔，夫子言之有理！……”

卫灵公倒是常召孔子进宫，但除开始问过伐蒲之事外，很少谈及国政。忽一日，卫灵公很客气地对孔子说：“寡人欲借重夫子，又患夫子为事务缠身，寡人不得随时请教。朝中现缺两员师士，寡人欲借重夫子的两位门生，想夫子不会推辞。”

孔子说：“孔丘并非饱学之士，弟子亦皆才疏学浅，恐难胜任。”

“夫子何必过谦。”灵公说，“夫子门生，皆忠义饱学之士，寡人只恨不能尽用其才耳。”

从此，子路、子贡、子羔等便在卫国做官了。

冬去春来，卫灵公对他一直是敬而不用，孔子拿着两千石的俸粟，整日陪卫灵公聊天、解闷、狩猎、出游。直到这时，孔子才恍然大悟，卫灵公郊迎，并非为了敬慕他，而是为了弄一个"敬贤"之名，以欺骗国人。于是孔子萌发了离去的念头。

世上沽名钓誉之徒终有被人揭穿的那一天。与其欺世盗名、谎话连篇，不如诚信做人。

魏晋时有个叫卓恕的人，为人笃信，言不食诺。他从建业回上虞老家，临行与大傅诸葛恪有约，某日再来拜会。到了那天，诸葛设宴专等。赴宴的人都认为从会稽到建业相距千里，路途之中很难说不会遇到风波之险，怎能如期。可是，"须臾恕至，一座皆惊"。由此看来，"诚"是一个人的根本，待人以诚，就是信义为要。精诚所至，金石为开，诚能感化万物，也就是所谓的"心诚则灵"。

心灵丑恶，为人虚伪的人根本无法取得人们的信任。所以，荀子说："天地为大矣，不诚则不能化万物；圣人为智矣，不诚则不能化万民；父子为亲矣，不诚则疏；君子为尊矣，不诚则卑。"明代诗人朱舜水说得更直接："修身处世，一诚之处更无余事。故曰：'君子诚之为贵'，自天子至于庶人，未有舍诚而能行事也；今人奈何欺世盗名矜得计哉？"由此可见，诚是人之所守，事之所本。只有做到内心诚而无欺的人，才能自信、信人并取信于人。

5.怀旧,可以净化灵魂

季羡林说:“怀旧就是有‘人味’的一种表现,而‘人味’是有很高的报酬的:怀旧能净化人的灵魂!”

季羡林专门写有一本《怀旧集》,其中写道:“怀旧能净化人的灵魂。亲故老友逝去了,或者离开自己远了。但是,他们身上那一些优良的品质,离开自己越远,时间越久,越能闪出异样的光芒。它仿佛成为一面镜子,在照亮着自己,在砥砺着自己。怀这样的旧人,在惆怅中感到幸福,在苦涩中感到甜美。这不是很高的报酬吗?对逝去者的怀念,更能激发起我们‘后死者’的责任感。先死者固然能让我们哀伤,后死者更值得同情,他们身上的心灵上的担子更沉重。死者已矣,他们不知不觉了。后死者却还活着,他们能知能觉。先死者的遗志要我们去实现,他们没有完成的工作要我们去做?即使有时候难免有点儿想懈怠一下,休息一下。但一想到先人的声音笑貌,立即会振奋起来。这样的怀旧,报酬难道还不够高吗?”

于是,季羡林为自己的恩师一一写悼念文字,并写出这些学者身上可以鞭策自己的闪光点。如陈寅恪影响季羡林颇深之“独立之精神,自由之思想”,胡适之“大胆假设,小心求证”,梁漱溟之“三军可夺帅也,匹夫不可夺志”,马寅初之“宁为玉碎,不为瓦全,宁鸣而死,不默而生”。

诗人陶渊明为眷恋其田园故居,写《还旧居》诗:“步步寻往迹,有处特依依”。怀旧是大脑无意识地联系过去的画面、气味、声音的一种感觉,让人重新活在过去,常常会发现惊喜。

一个心理学实验让参加者回忆过去的人与事,听过去的老歌,结果发现他们的心情好了起来。

美国北达科他州立大学心理学助理教授克雷·鲁特莱奇认为，怀旧是一剂提升心理健康的良药，悲伤、寂寞的人不妨一试。因为怀旧的内容大多是积极的，有些回忆纵然悲喜交加，总的来说还是积极的。英国南安普顿大学高级讲师蒂姆·维尔德舒特博士称，怀旧可以让过去的欢乐感重现，具有维持内心平衡的作用，让人对将来更加乐观、更有激情。

鲁特莱奇称，怀旧还可以增强自尊心，加深人生感悟。很多怀旧的体验都与自己过去的成就有关，回忆起来可以给人生注入意义和兴奋。有时怀旧还虚构出一些经历来，令自己感觉人生更有价值与完满。

有一位道骨仙风的老者，很有学问。他居住在80年代的老房子里，而且有一个习惯就是将门掩上一半。一天，一位晚辈前来拜访，进门之后看到老者将本来已经关闭的屋门又轻轻打开了一半。

"您是觉得房间内空气不够通畅吗？"年轻人谦卑地问道。

"房子虽说是80年代的建筑，采光通风还是很好的，不过留一半门对我来说是很必要的。"老者微笑着说。年轻人不解。

老者略带伤感地说道："我的前半生都在关自己身后的门。每进入一个新的生命阶段，就会把身后的门关上，这样就将过去的一切都关在了门外，好让自己一直朝前看。可是当自己年老之后，我突然发现很多回忆都被挡在了生命之门的外面，不管是美好的成就，还是不太美妙的回忆，我全部遗失了。"

年轻人脸上的好奇已经转变为肃穆，他恭恭敬敬地垂手站在门侧，盯着那扇半掩的门，若有所思。

怀旧不仅可以让我们回顾过去，获得启发，还可以让人更有人情味儿。

季羡林所言的"怀旧"，不仅指人要怀念往昔的趣事，更要记得他人的恩情。唯有如此,才能成为一个有人情味的人。生活中有许多人抱着“有事有人,无事无人”的态度,把朋友当作“救火队长”,火灭了,人也被赶走了。此类人为朋友所唾弃,接连几次后,便没人再愿意帮他了。一个没有人情味的人,一个不懂得念惜老友情义的人,很难与他人建立良好的人际关系。

我们都会有这样的感觉,异地的朋友偶尔来个电话,就会找回久违的友情。这样的关心和牵挂真的很让人温暖,无论是不是一切都好,工作是不是很顺心。联系朋友并不是非得去谋不义之财,而是在自己随手关门的时候,不要将自己的朋友随手关在了门外。这样一路走向更高更远处时,才不会感觉越来越孤单。给自己的记忆留一扇门,给昨日的情谊留一扇门,也就是给自己的人生留一扇门。

假话全不讲，真话不全讲

1.说真话最可贵

说真话，看似寻常最奇崛，成如容易却艰辛！

天圣七年冬至，生性柔弱的宋仁宗率百官，在会庆殿朝拜皇太后，为其祝寿。皇太后刘氏虽然不是仁宗的亲生母亲，但仁宗对她敬畏有加。皇帝屈尊，对皇太后行臣子礼，有违礼制，遭到非议，但满朝文武没有人敢站出来说话。

那时，范仲淹刚入朝不久，像初生之犊似的，毫无顾忌，上书皇上和皇太后，力言不能开此先例，以免有亏为君之道、有损国威，并防止母后干政的事情发生。范仲淹此举算是干涉皇帝家事，不给皇太后面子，在朝廷引起震动。但范仲淹问心无愧，完全是出以公心，没有一点私利可言。接着，他又上书朝廷，请皇太后还政于仁宗皇帝。

范仲淹说，皇帝已经20岁，可以独立处理朝政了，皇太后垂帘已满七年，应该回后宫颐养天年。范仲淹一再触犯皇太后，终被贬至河中府(山西永济西)当了一名通判。

第二年，改为陈州通判。两年后，皇太后去世，仁宗亲政，范仲淹被召回京城，任谏官。皇太后一死，朝臣多人上书，揭其老底，这时的范仲淹却为皇太后说好话，劝告皇上，说皇太后奉先帝遗命，保护皇上十多年，皇上应该忘其小过，而念其大德。仁宗终于领悟范仲淹昔年犯颜直谏是出于公心。

在现实生活中，说真话、说实话往往是需要勇气的，著名作家梁实秋曾把“说老实话”形容为“世间骇世惊俗之事”。因为实话常常是一石激起千层浪，或者触动某些人敏感的神经，甚至因此而背负骂名。

韩寒说过：“我学习很糟糕，我进不了名牌大学，这些算得了什么呢？”韩寒说各门功课红灯却照亮了他的前程。这些都是真话，在他身上也得到证明。在韩寒现象中，他以率真朴实的语言，驰骋在中国的文坛上，驰骋在他挚爱的赛车场上，受到国人、世人的瞩目。连美国的《时代周刊》也把他选入“最具影响力的人”之一。

韩寒的话来自他内心的判断，绝没有屈从于外力言不由衷之词，也没有曲言阿世之语。他的言说，是灵魂的言说。

敢说真话，是一个人有责任感、有担当的表现。

汉武帝喜欢游戏，为政之暇，常出谜语，让侍从猜测。东方朔每猜必中，应答如流，很快得到宠幸。而东方朔则利用接近皇帝的机会，屡屡向汉武帝谏诤国政。

建元三年，汉武帝为了田猎游乐，拟划出关中方圆百里的良田，建造规模宏大的林苑。朝中众臣大多迎合帝意，表示赞同。

东方朔却据理力谏：“听说谦虚谨慎，天将降福，骄傲奢侈，天将降灾。现在圣上嫌宫殿不高大，苑林不宽广，要建上林苑。试想，关中一带，土地肥美，物产丰饶，国家赖以太平，小民赖以富足，划地为苑，将上乏国家，下亏小民；为建造虎鹿乐园而毁人坟墓，折人房屋，将使小民无家可归，伤心流泪，怨恨朝廷。昔殷纣王建九市而诸侯叛乱，楚灵王造章华台而楚民离心，秦始皇修阿房宫而天下大乱。前事之鉴，不可不察。”

汉武帝虽不愿停修上林苑，但对东方朔表现出的胆识和忠诚十分欣赏，下诏赐给他黄金百斤，并授予太中大夫给事中的官衔。

人们都希望听真话，了解真相，据此做出正确的判断。但在现实生活中，有的人却不喜欢听真话，因为有时假话听起来可能悦耳动听，而真话或许会刺耳难听。所以在有的地方和单位，讲真话未必得到表扬，讲假话反而有时很有市场。

世间最可贵的是说真话、道真情。真话可能不顺耳，但真话是肺腑之言，反映的是真实情况。对听者来说，听不到、听不进真话，就无法了解实际情况，就容易做出错误的决策。反过来说，听得进真话，就可以避免很多错误。忠言逆耳，良药苦口；兼听则明，偏信则暗。这些都是千古明训。

2.假话全不讲

季羡林96岁寿辰时，温总理说：“我喜欢看您的散文，讲的都是真心话。您说自己一生有两个优点：一是出身贫寒，一生刻苦；二是讲真话。对吧？”季羡林回答说：“要说真话，不讲假话。假话全不讲，真话不全讲。”并解释说："就是不一定把所有的话都说出来，但说出来的话一定是真话。"讲假话是为欺，"假话全不讲"是做人的道德底线，不讲假话，是季羡林这位饱学高士守住道德底线的一个妙法。

司马光出生在官宦之家，父亲司马池曾任兵部郎中，对子女的家教十分严格。

有一天，客人送给他家一篮核桃。司马光从来没吃过核桃，嘴一馋，拿起一个就咬了起来。可咬了半天，怎么也咬不破那硬邦邦的核桃壳。

他捂着胀疼的腮帮子正在生气，客人进屋来了，一瞧司马光那难堪的样子，不禁哑然失笑。

"来，我教你吃。"客人转身找来个小铁锤，慢慢地教司马光砸开硬壳，抠出桃仁，然后又去做别的事去了。

一会儿，司马光的父母回来了。他们见儿子坐在地上，一面砸着核桃，一面吃着桃仁，十分惊讶，忙上前询问："你怎么知道核桃应该这样吃？"

司马光转动着黑溜溜的眼珠，说："我自己想出来的。"

二老听罢，喜上眉梢，连声夸赞司马光聪明。

然而，没过几天，司马光的父母就知道了事情的真相。

他们喊来司马光，严肃地说："说假话可是最不老实的行为啊！"顿时，司马光羞红了脸，耷拉下了小脑袋。从此，司马光再也不说谎话。他长大后，为了表示一辈子做个诚实人的决心，把自己的字起为"君实"。

人们常常为自身的利益不惜说假话欺骗别人，有时甚至用尽心机，占尽别人的便宜。谎言假话在佛教中称为妄语，就是不吻合真实情况、损人利己的言语。

说假话是容易的，带着谎话活下去却有些麻烦。为了圆这谎，人们不得不撒更多的违背自己心愿的谎，于是看不清自我，分不清好坏。

假话总有被拆穿的一天，为了一时的尊严，以后被揭穿会更丢脸，付出的代价更大。所以，任何人都要尽量活得真诚而坦率。

当利益当头、攸关生命之际，不说假话更能考验一个人的良知。虽然说假话的人如过江之鲫，但是不说假话的君子才能最终屹立于世。

唐朝有位禅师，宁可丢掉性命，也不肯说假话骗人。禅师人品高尚，德行超俗，由于他的道德修为，不仅吸引了大江南北的僧信向他请益佛法，而且还传播到京城皇帝的耳中。

皇帝仰慕禅师的道行，想要召请他入宫。使臣三番两次带着诏书，请禅师进京，接受御赐的紫袈裟和优厚的供养。禅师都不肯应诏，婉拒皇帝的赏赐。

由于皇帝连下三次诏书，禅师皆如如不动，皇帝深感自己尊严受损，勃然大怒，下令将他押解上朝。使臣拿着皇帝的圣旨，一再游说禅师要接受皇帝诚意的邀请。禅师淡漠地说：为僧只应山中住，朝廷当中不适宜。使臣看着态度坚决的禅师，内心钦佩他超俗的风骨，就替他想了一个办法："禅师，您就说自己年纪大了，身体虚弱有病，不堪千里跋涉的疲累。那么，我以此为理由，回朝禀告皇上，您就能免除杀身之祸。"

禅师正色说："我身体很好，也没有生病，怎么可以说假话来欺骗皇上呢？我宁可接受皇上的惩罚，也不愿以妄语骗人。"使臣无奈，只好把禅师押解至京城。皇上从使臣那里听到禅师宁可受罚，也不愿说谎的事，敬佩他勇敢正直的品德，当面释放了他，并派车马送禅师回寺中，还颁赐紫袈裟和若干珍宝供养。

爱因斯坦曾说：世间最美好的东西莫过于有几个头脑和心地都很正直严正的朋友。而要想真正交上几个知心朋友，首先你得是个讲诚信的人，不说假话。如果你常常谎话连篇，一点都不真诚，怎会有朋友？即使凑巧交到了朋友，随着交往的深入，谎言也有被拆穿的一天。到那时，朋友就会离你而去。

3.敢于以真性情示人

季羡林在病中辞“国宝”称号时说:“在我自己是喜欢而且习惯于讲点实话的人。讲别人,讲自己,我都希望能够讲得实事求是,水分越少越好。我自己觉得,桂冠取掉,里面还不是一堆朽木,还是有颇为坚实的东西的。至于别人怎样看我,我并不十分清楚。因为,正如我在上面说的那样,别人写我的文章我基本上是不读的,我怕里面的溢美之词。现在困居病房,长昼无聊,除了照样舞笔弄墨之外,也常考虑一些与自己学术研究有关的问题,凭自己那一点自知之明,考虑自己学术上有否‘功业’,有什么‘功业’。我尽量保持客观态度。过于谦虚是矫情,过于自吹自擂是老王,二者皆为我所不敢取。”

晏殊任职期间,每逢假日,京城的大小官员都会在外边吃喝玩乐。晏殊因为家里比较贫穷,没有钱出去玩乐,所以只好在家里和朋友们闭门读书。

有一次,真宗点名要晏殊担任辅佐太子的职务,许多大臣都不理解。真宗解释道:“近来群臣经常出门游玩饮宴,唯有晏殊与弟兄们每天读书写文章,如此自重谨慎,难道不是最合适的人选吗?”

然而,晏殊却向真宗谢恩后说:“其实我也是个喜欢游玩的人,但因家里贫穷无法出去。如果我有钱,也早就去参与宴游了。”真宗听后,更加赞叹晏殊说话的真诚,对他也更加信任。

一个人的魅力,不在于说得多么流畅,多么滔滔不绝,而在于他的内心是否真诚。

林肯在一次竞选辩论中说："你能在所有的时候欺骗某些人，也能在某些时候欺骗所有的人，但你不能在所有的时候欺骗所有的人。"这句著名的格言，成为林肯的座右铭。如果你想赢得人心，首先就要让他相信你是他最真诚的朋友。

发自内心的真诚，很容易赢得对方的信任，与对方建立起信赖关系，对方也可能因此喜欢你说的话，并因此让你们有一个良好的沟通基础。真诚的话语，才可称得上是"金口玉言"，一字千金。

季羡林有一篇文章这样写道：

我们舞笔弄墨的所谓"文人"，到了老年，如果想出文集的话，怎样来处理这样一些思想感情前后有矛盾，甚至天翻地覆的矛盾的文章呢？这里就有两种办法。在过去，有一些文人，悔其少作，竭力掩盖自己幼年挂屁股帘的形象，尽量删减年轻时的文章，使自己成为一个一生一贯正确，思想感情总是前后一致的人。

我个人不赞成这种做法，认为这有点作伪的嫌疑。我主张，一个人一生是什么样子，年轻时怎样，中年怎样，老年又怎样，都应该如实地表达出来。在某一阶段上，自己的思想感情有了偏颇，甚至错误，决不应加以掩饰，而应该堂堂正正地承认。这样的文章决不应任意删削或者干脆抽掉，而应该完整地加以保留，以存真相。

与人交往最重要的是要让别人觉得我们可靠、可信赖，那么想要达到这一点就需要用"真"来实现，如一块透明的玉，可以让人一眼就看到内在如何，即使上面有颇多瑕疵也毫不掩盖。

太古时代的原始人不知掩饰，也就根本不懂什么叫浮夸、巧诈、虚伪、机变、欺骗，这就是人们常说的"人之初，性本善"。

"天地存正气"，实际上天地正气也在我们心中，只可惜一些自作聪明的人往往抹杀了这种正气，遇事处处喜欢掩饰自己、浮夸不实，远离了原本的真诚本性。假如一个人没有一点真诚恳切的心意,就会变成一个绣花枕头,做任何事都不踏实,别人也会认为你油头滑脑,不敢与你合作共事。

真诚无贵贱之分。一个人的真诚修为与储蓄金钱一样,都是靠一点一滴积累起来的,所以真诚无巨微。伪善有时从表面看起来也极似真诚,但终究不是真诚。真诚要发乎内心,而伪善却并非本意。

虚伪、欺诈、奸猾的人,要不断地掩饰自己,就好比是原本明亮的镜子,被蒙上了一层灰尘,就再难照出本来的面目了。如果一个人能朴实自然,不伪装自己,那他就非常接近真诚了。

4.话说三分,含而不露的智慧

中央电视台曾经采访季羡林,主持人问:“为什么真话不全说呢?全说真话不是更好吗?”季羡林反问:“你能全说真话吗?”主持人一时语塞,只以“呵呵”应答。

在做菜的时候,我们常会有一个习惯,那就是先少放盐,待味淡时再加,如果开始之时放盐太多,一旦味咸了,就难以改淡了。说话也是一样,俗话说得好,“人情留一线,日后好见面”。话不说满,留有余地,日后方能进退自如,自然从容。

一天,杨明生在酒吧里遇到了自己的上司张鑫。自从上次张鑫把原本打包票承诺杨明生调到子公司的事泡汤了,杨明生就对他一肚子意见。

张鑫热情地把杨明生招呼到自己身边，拉着他说："兄弟，我一直想找个时间和你聊聊，可……又不知道咋开口。"说着仰起脖子灌下一杯酒，接着说："你可不知道我有多难啊……"杨明生附和说："知道，知道，过去的事就算了。"

张鑫没有理会他，又自顾自地说："上次你跟我说调动工作的事情，不是我不想帮你啊，那个位子，当时多少人盯着呢。这不大刘的儿子，老杨的侄子都想要，大刘和董事长可是沾亲带故的，我哪里敢招惹他，不得不给他。按说你的能力是最好的、最合适的，我也很想把那个位置给你的。但是我没有办法啊……"杨明生听到这里气往上冲，他没有想到自己申请调动工作失败是因为大刘的原因。

杨明生回去后越想越气，不想在这个公司待下去了，但这口气得出了。于是，第二天就气冲冲地闯到大刘的办公室找他理论，并非常激动地说："昨天张鑫喝酒的时候都跟我说了，你还想狡辩吗？"没过几天，张鑫就接到了公司的下调信。

每个人都有寻求他人理解的本能。也许有一天，你遇到一个自以为很理解你，也很能谈得来的人，一时不受情绪控制将心事和盘托出，当时你并没有考虑自己的倾诉会给自己带来什么样的后果，也就只能等着后悔了。

俗话说，"逢人只说三分话，未可全抛一片心"。也许有人认为这样是狡猾的，不诚实的，其实说话需看对方是什么人，如果对方不是可以尽言的人，你即使说三分真话，已嫌过多了。

孔子曰："不得其人而言，谓之失言。"对方倘不是熟悉的人，自己畅所欲言，以快一时，对方的反应是如何呢？自己说的话，是属于自己的事，对方愿意听吗？彼此关系浅薄，你与之深谈，显出自己没有修养，自己说的话是属于对方的，自己不是他的诤友，不适合与他深谈，忠言逆耳，显得自己很冒昧。

说话有三种限制:一是人,二是时,三是地。非其人不必说;非其时,虽得其人,也不必说;得其人,得其时,而非其地,仍是不必说。非其人,你说三分真话,已是太多;得其人,而非其时,你说三分真话,正给他一个暗示,看看他的反应;得其时,而非其地,你说三分真话,正可以引起他的注意,如有必要,不妨择地长谈。

说话要有分寸,分寸拿捏得好,很普通的一句话,也会平添几许分量。

北宋时期,四川做官的诗人张咏和寇准是至交。听说老朋友寇准高升至当朝宰相,张咏一方面为老朋友感到高兴,另一方面却为老朋友不太注重学习,知识储备不足感到担忧,他很想找个机会劝劝老朋友多读些书。

时隔不久,寇准因事来到陕西,刚刚卸任的张咏也从成都来到这里。老朋友相会,格外高兴,寇准设宴款待,两人无话不谈。

临分别时,张咏想趁此机会劝寇公多读书,可是又一琢磨,寇准现在已是堂堂的宰相,怎么好直截了当地说人家没学问呢?张咏略微沉吟了一下,慢条斯理地说了一句:"《霍光传》不可不读。"当时寇准不明白张咏这话是什么意思,可是老朋友没有多说,便匆匆作别。

回到相府,寇准赶紧找出此书仔细阅读,当他读到"光不学亡术,暗于大理"时,恍然大悟,自言自语地说:"张咏是希望我不要重蹈霍光的覆辙,不学无术,居功自傲。"读了《霍光传》的寇准很快明白了张咏的用意,从此刻苦研读史书,成了忠贤皆备、文略俱全的好宰相。

提忠告时,切勿将对方批评得一无是处,否则很容易引起对方的逆反心理。说话要懂得给人留余地,比如批评别人时可以说:"你平时工作很努力,表现得也很积极,唯一的一点小毛病就是欠缺一点稳重,如果做事前再谨慎些,前途就更明亮了。"用这种口气批评,对方感受到的不是批评而是鼓励,会更愿意接受你的忠告。

有一个书生向一位高僧寻求处事方法，高僧为书生开了一副药方，告诉他如何待人接物，药方的内容是：热心肠一副、温柔二片、说理三分。其中的“说理三分”包括两层含义：

其一，点到为止。倘若你有理，而对方又是个聪明人，你无须将自己的理说得过于详细，只要一点对方就会明白。所以话说三分就足够了，根本没有必要画蛇添足。

其二，多点宽容。人无完人，谁没有点缺陷？双方只要做到心知肚明，你再巧妙地点上几句，别人自然清楚你的用意，而且还会感激你给他留面子，否则只会两败俱伤。

人和人之间的交往有一个误区，那就是交浅言深。其实，即便是知己朋友，也不能做到知无不言，无话不谈。以防说者无意听者有意。有这样一个小故事：

战国时期，清谈流行，贵族们尤其喜欢品评人物。有人问宰相苏秦：“你觉得某某人怎样？”苏秦要评论，又停下来看了看这个人，然后对他说：“你这个人喜欢传闲话，还是不告诉你为好。”其实，苏秦位高权重，并不怕这个人传闲话，他这样说或许还有告诫的意思，否则，连这句话都不必说，只回答“今天天气……”就够了。

有人认为，自己做人光明磊落，没有什么见不得人的事，说三分话岂不是太过阴险了？事实不是这样，逢人只说三分话是要人与人之间保持合适的距离。任何事物都是过犹不及，人与人之间若说话过于掏心掏肺，并不能加深彼此的好感。

逢人只说三分话，不是不可说，而是不必说、不该说！比如你是职场中人，你将自己的秘密告诉同事，如果他是一个别有用心的人，难免会在竞争的关键时刻，把你的秘密当作武器回击你，使你在竞争中失败。

5.沉默,无声胜有声

季羡林回忆过往时,认为与其说假话或者说不应该说的真话,不如保持沉默。

沉默有它独特、无与伦比的力量。所以老子说:“真正的雄辩与讷言相同。”西方人说:“争辩是银,沉默是金。”“不言而言”这句话出自《庄子》,指人以沉默的方式来说服别人,即是使用无言战术来达到目的。

多年后,季羡林重返阿根廷,在养老院见到了昼思夜想的“博士父亲”瓦尔德施米特教授和他的夫人。瓦尔德施米特教授见到了自己几十年没有见面的弟子,可以想象他的心情有多么激动与兴奋。

他们相聊甚欢,当兴奋的季羡林将自己翻译的《罗摩衍那》第一卷(当时刚出了第一卷)恭敬地送给老师时,没料到瓦尔德施米特教授立刻板起脸来,很严肃地对季羡林说:“我们是搞佛教研究的,你怎么弄起这个来了!”

季羡林一听,顿时语塞,不知道该怎么对老师解释或者为自己辩解。他完全理解老师的心情,老师希望自己在专业领域做出一些成绩,而不是搞什么翻译。可是,这位德国老师哪里能了解自己的处境呢?回国之后,在一无情报,二无资料的情况下,怎么搞佛教研究呢?新中国成立后,各种运动纷至沓来,搞学术被认为是“修正主义”,不务正业,要被批斗,在那种情况下又怎么敢搞佛教研究?之后,“文革”十年,自己深陷牛棚,不仅遭受肉体上的折磨,精神上也差点崩溃,九死一生。在那样疯狂的环境中,不要说研究佛教,就连研究佛教的念头都没有了。

但这一切,怎么跟德国的老师说呢?即便说了,他能理解吗?他会相信吗？而自己翻译《罗摩衍那》的过程，别人听起来又是那么荒诞不经，每天像做贼一样偷偷摸摸地进行，整整花了五年时间才完成。好在“文革”结束了，《罗摩衍那》得已出版。这些情况要向这位八十三岁的德国老师解释清楚，那简直是不可能的。所以，他觉得还是不说为好。对老师的批评，季羡林保持了沉默，没有做任何解释。

被人误会，很多人都会在第一时间为自己辩解，但剑拔弩张、针锋相对不但不能消解误会，也许还会雪上加霜，造成更大的误会。智慧的人，在被误解后，第一反应并不是辩解，而是选择沉默。与其声嘶力竭地宣称自己是被冤枉的让人反感，不如镇定一点，或许沉默是一种更有利于彼此关系的维护。

很多时候，保持沉默，不是妥协，而是一种容忍。季羡林的后半生，基本上就是在这样的心态下走过的——在频繁的“政治运动”面前如此，对发生于身边的人事亦如此。比如“藏画盗卖风波”，季羡林事前并非不知情，后来也称“丢画两三年了”，可他刚开始并不愿积极寻求答案。对于“身边人”的一些“小动作”，他甚至还刻意装作没看见。

可以说，沉默体现的是一个人的胸怀和素养。另外，沉默还有另外一个功能，就是在说服别人的时候恰如其分地运用会收到奇效。

说服他人并不一定要喋喋不休，有时候，沉默比任何说服的语言良方还要有效。当你沉默不语，只是用坚毅眼神与对方对话时，会让对方产生一种心虚的感觉，就想：难道我哪个地方说错了吗？他怎么一直不回应？可见，对自己产生怀疑就是其观点已开始动摇，正向你靠拢。

秦昭襄王在位已36年，但国家军政权力依然掌握在母亲宣太后和叔叔穰侯手中，使得昭襄王无法独立操政，实行变革。范雎就是在这时到达秦国的，他先给昭襄王上书，说自己有办法使秦国强大，还暗示了如何处理昭襄王与宣太后及穰侯的关系问题。于是昭襄王召见范雎。

到了召见那天，范雎故意事先在接见的地点四处闲逛。昭襄王驾到时，侍臣看到有人在附近闲逛，便喊道："大王驾到，回避！"范雎这时故意提高声音说道："秦国哪有什么大王，只有宣太后和穰侯而已！"这话正好击中了昭襄王积压在心中许久的心病。他有些不安地接见范雎，对他说："早该拜见先生的，只是政务烦心，每天要去请示太后，所以拖到现在。我生性愚钝，请先生不要客气，多加教诲。"但范雎一言不发，若无其事地向四周顾盼着。

大厅内静悄悄的，气氛十分凝重。左右群臣都有些不安地看着事态的发展。昭襄王猜想可能是由于众臣在场，范雎有所不便，就屏退众臣，但范雎仍然一言不发。昭襄王于是又问道："先生用什么赐教？"范雎开了口，说："是，是。"停了一会儿，昭襄王又一次请教，范雎仍只是说："是，是。"如此重复了好几次。后来，昭襄王长跪不起，说："先生不肯指教我吗？至少也该解释一下为什么一言不发的理由吧！"

这时，范雎才拜谢道："不敢如此。"于是滔滔不绝地谈下去。他谈的主要内容即是著名的"远交近攻"策略，同时也谈及太后、穰侯等人独断专权、架空昭襄王一事，并提出应对策略。昭襄王听了范雎的话之后，十分赞赏其才学，马上任命他为谋臣。几年后，范雎又做了秦国宰相。后来，昭襄王对范雎说："过去齐桓公得到管仲，时人称他为'仲父'；现在我得到您，也要称您为'父'！"

《庄子》中有句话是"不言而言"，指人以沉默的方式来说服别人，即使用无言战术来达到目的。说服他人并不一定要喋喋不休，急于用论辩的语言让对方接受自己的观点。在某些时候，沉默有它独特、无与伦比的力量，比任何说服的语言良方还要有效。

沉默是无声的语言，有一种埋藏在深处的震撼力。沉默并不代表思维停止。深邃的思想往往源于貌似沉默的思索过程。暂时沉默的人，在沉默中积极思考，在听取中有效取舍，往往能抓住要害，点石成金。

务实,人生没有捷径

1.一步一步地走,才走得最快

季羡林说:“做人要老实,学外语也要老实。学外语没有什么万能的窍门。俗语说:书山有路勤为径,学海无涯苦作舟。这就是窍门。”即使是季羡林这样的大师,也是通过不断地积累,一点点取得成就的。一口吃不成胖子,一天也培养不出大师。持之以恒并脚踏实地走路的人,看似呆笨,其实是脚步走得最实的方法。

南岳衡山的福严寺掩映在茂林修竹、古藤老树之中,怀让禅师在寺前看到一个人正踏着夕阳余晖而来。

“施主……”怀让问道。

“弟子特来投拜大师。”那人说道。

“不,公非出家守灯之人。”怀让对着来人说道。

来人长叹一声,说自己叫李泌,才高八斗,是唐肃宗李亨身边的重臣。可无奈遭遇宦官李辅国弄权嫉才。他为逃避灾祸,就想到衡山隐居。怀让心动,留他居住,并和他成为好朋友。

数年后,肃宗驾崩,李辅国暴死,新皇帝唐代宗派人来到衡山,召李泌出山回京。

七十高龄的怀让率弟子为李泌送行。在寺院门口,李泌忽然发现一棵枯死多年的老树冒出了新芽,便问:“这树死了多年,怎么又发芽了呢?是因为尊师为寺住持,率众植松杉十万株,感动了天地,让枯木逢春吧!”

怀让说:“不是的,只是我每天为它浇水,它才慢慢活起来的。”

李泌闻言,感慨良多。

枯树发芽,缘为生命之水。山河大地,鸟兽花草也有禅心体验啊!

李泌于是大悟,提笔写了三个大字,便匆匆赴任。

那三个大字为“极高明”,后来被镌刻在寺前的石崖上,字体遒劲朴实,启迪后人。

在现实世界里,每个年轻人都有梦想,都渴望成功,然而眼高手低、志大才疏往往是阻碍年轻人成功的最大障碍。在许多年轻人的眼里,他们看到的只是成功人士功成名就时的辉煌,却忽略了他们在此之前所付出的艰苦卓绝的努力。成功是没有电梯的,需要你一步一步走上去。

中国奥运史上第100枚金牌获得者——唐功红,是一位体重超重量级,付出也是“重量级”的女“超人”。她的家庭并不富裕,她从小就开始干重体力活,却从来没有抱怨过。上体校后,唐功红说:“我从来就没有节假日,从来就没有星期天,从来就没有什么娱乐,也没有时间去考虑其他的问题,只有举起、放下,放下、举起,每天的运动量要达十几吨。”最终,因为她一步一个脚印的努力付出,终于在雅典奥运会上打破了世界纪录。

没有谁能随随便便成功,只有一步一个脚印,才能最后“聚沙成塔”。

雄鹰之所以能振翅高飞，是因为它经过无数次尝试。它的羽毛丰满了，它的翅膀变得有力了，同时也积累了足够的经验与自信。成功需要积累经验，需要积累能力，而这一切都离不开恒心与坚持。任何微小的量变，我们只要能坚持不懈地朝着一个方向努力，最终必将实现质的飞跃。

20世纪初，在太平洋两岸的美国和日本，有两个年轻人都在为自己的人生努力着。

日本人每月雷打不动地坚持把工资和奖金的三分之一存入银行。美国人则躲在狭小的地下室里，把美国证券市场有史以来的记录搜集到一起，一头扎进了数字堆里，在那些杂乱无章的数据中寻找着规律性的东西。

这样的情况在两个年轻人的世界里各自延续了六年。六年的时光里，日本人靠自己的勤俭积蓄了5万美元的存款；六年的光阴里，美国人集中研究了美国证券市场的走势与古老数学、几何学和星象学的关系。

六年后，日本人用自己节衣缩食、积累财富的经历打动了一名银行家，从银行家那儿获得了100万美元的贷款，创立了麦当劳在日本的第一家分公司。他叫藤田田，一个靠从牙缝中挤钱，从而跻身亿万富豪行列的普通电器公司的员工。

同样是在六年后，美国人成立了自己的经纪公司，并发现了最重要的有关证券市场发展趋势的预测方法，他把这一方法命名为“控制时间因素”。在接下来的金融投资生涯中，他赚取了5亿美元的财富，成为华尔街上靠研究理论而白手起家的神话人物。他叫威廉·江恩，如今，他的理论被译成了十几种文字，成为世界各地金融领域从业人员的必备知识。

春秋时期，老子根据事物的发展规律提出谨小慎微和慎终如始的主张，他认为，处理问题要在它未发生以前，治理国家要在未乱之前。合抱的大树是细小的幼苗长成的，九层的高台是一筐一筐的泥土砌成的，千里的行程是从脚下开始的。

世上总有人觉得一步一步地走太慢、太傻。五谷道场用6年时间便做到了全国排名第六的市场地位，其成长速度之快、风头之猛，曾让同行谈虎变色。2007年，放言增加48条生产线，拿下方便面市场60%份额的五谷道场命运急转直下，衰落速度比成长时还要快，2009年被中粮集团收购。这种昙花一现的品牌数不胜数，与其冒风险去取巧，不如一步步去拙成。

2.不提当年勇，一切从零开始

季羡林说："在芸芸众生中，特别是在老年人中，确有一些人靠自夸当年勇来过日子。我认为，这也算是一种自然现象。争胜好强也许是人类的一种本能。但一旦年老，争胜有心，好强无力，便难免产生一种自卑情结，可又不甘心自卑，于是只有自夸当年勇一途，可以聊以自慰。对于这种情况，别人是爱莫能助的。我觉得，从零开始是唯一正确的想法。"

史玉柱，巨人集团总裁，风靡一时的"今年过节不收礼，收礼只收脑白金"出自其手。他经历过从一夜暴富到瞬间"完蛋"再到东山再起的大起大落的戏剧人生。

1989年，深圳大学毕业的穷学生史玉柱借了几千元开始创业之旅，他开发出一种名为M-6401的文字处理系统软件，在一家报纸上打了三期小广告后，当月就赚回了4万元。3个月后，史玉柱赚到了第一个100万元，成为了百万富翁。

1991年巨人集团成立。

1995年，史玉柱被《福布斯》列为中国大陆富豪第8位。

从1995年开始，“巨人”开始走多元化之路，其中之一就是斥资2.5亿元在珠海修建了72层的巨人大厦。此外，服装实业部、化妆品实业部、供销实业部等十几个实业部宣布成立，并先后开发出了服装、保健品、药品、软件等30多类产品，但最后大都不了了之。史玉柱在演讲中不无风趣地说，我的领带是最多的，因为服装实业部当年生产的那些领带，至今还有不少堆在家里。一系列不成功的投资和巨资修建的大厦拖垮了“巨人”的资金链，1996年，“巨人”的资金告急，1997年，“巨人”已没有现金可用。“企业没有现金，像人没有血液一样，没法生存，一个礼拜之内，‘巨人’迅速地垮了，并欠下了两亿元的债务，从休克到死亡，过程非常短。”史玉柱说。

务实的史玉柱，不提过往，重新再来。1998年，山穷水尽的史玉柱找朋友借了50万元，开始运作脑白金。3年不到，史玉柱又重新站了起来。

《沙家浜》中有一句经典唱词：“想当年，老子的队伍才开场，拢共只有十几个人，七八条枪……”这一句“想当年”让人想起了许多。眼下，“想当年”似乎成为“草头王”炫耀资本的潜台词。

过去曾经风光一时，现在“虎落平川”的人，最喜欢跟别人讲他过去的辉煌，企图凭借“追古思今”来寻回一点当年的自信，获取一点心理安慰。

俗话说，“好汉不提当年勇，好腰不提当年细”。也许，当年确实“勇”过、辉煌过，但现在已经不“勇”、不辉煌了。现在所能向人炫耀的也只有当年的辉煌了，给人留下的是慨叹，而不是艳羡。每个人有每个人的想当年，每个朝代有每个朝代的想当年。历史不能复制，过去不会重演，回忆过去是可以的，总结过去是必要的，但“想当年”是没有用的。

真正的好汉不仅不炫耀当年的“勇”，而是善于反思历史，总结经验教训。

有一期《中国达人秀》，一位一夜白头的破产富翁登场催泪献歌，唱出了他跌宕起伏的人生。他是高逸峰。

1987年，25岁的高逸峰来到海南。最初做小工、卖报纸、在酒吧做驻唱歌手，度过了几年艰苦的日子。他在海口市郊租住每月80元的农家陋室，没有电，旁边几间屋子是猪圈、鸭棚。“一觉醒来，整个双腿、双手全是蚊子咬的包。”他说。

1989年，在酒吧做歌手的高逸峰看到了开歌厅的市场机遇，便向一个北京的朋友借了5万元钱，在海口宾馆旁的五指山大厦9层，承包了一个能容纳百来人的小歌厅。

1991年，高逸峰一边开歌厅、一边炒原始股，他低价买进一些原始股，再以高价卖出。这个生意使他在1991年至1994年间，赚了500万元。这让当时的高逸峰觉得钱真的太好赚了。他买的原始股，短短几年时间，最高的翻了30多倍。

于是，高逸峰在事业上一路高歌前行。1995年在三峡开厂，做矿物探测方面的项目；1996年至1997年在四川、安徽投资开办了两个小型的化工厂。也许正是这种急切的心态在某种程度上导致了他以后的失败。

1997年，高逸峰所涉足投资的地产、金融等项目一一溃败，严重影响到收入最稳定的夜总会。因为资金周转不灵，最后，他所有的生意全线崩盘，只有49岁的他成了白发苍苍的老者。

但高逸峰没有一蹶不振，他决定重新开始。他从一家面积仅有7平方米的包子铺做起，这次他稳扎稳打，至2011年，他在上海已开有20家包子连锁店。

曾经的失败，曾经的辉煌，都会成为过去。沉浸于过往的失败中，会让人自暴自弃，躺在过去的荣耀上，只会不思进取。只有放下过去，将一切留在身后，才能重新开始。

被寄予厚望要夺得中国体育代表团首金的射击运动员杜丽因为巨大的压力，痛失被视为囊中之物的金牌。悲情杜丽泪洒赛场，留下一个怅然单薄的身影，一阵叹息声中，杜丽泪眼蒙眬……四天后的比赛中，忘记了失败的她发挥突出，摘下另一项目的金牌。四天来她忍受煎熬，忘却失败，从头再来！

美国游泳神童菲尔普斯连夺八金，创造泳坛神话。这位传奇人物每每在夺金之后，只是微微一笑，欢呼两声，之后，迅速为下一轮战斗而准备。面对荣誉和盛赞，他总是轻描淡写，不激动也不夸耀，显得沉着而冷静。他一定会在参赛前睡上一个好觉，忘记成功，从头再来，全力以赴下一次的战斗。

一个真正有作为的人不会躺在安乐椅上睡大觉，更不会把昨天的点滴成绩作为夸耀的资本。“好汉不提当年勇”，过去、现在，永远是不同的，所以，请从头再来。

3.量力而行，不盲目逞能

季羡林说：“‘三思而行’，是我们现在常说的一句话，是劝人做事不要鲁莽，要仔细考虑，然后行动，则成功的可能性会大一些，碰壁的可能性会小一些。”做事要思考，思考是不是应时、应机，归结为应力。

《左传》曰：“力能则进，否则退，量力而行。”唐朝吴兢在《开元升平源》里亦云：“朕当量力而行，然后定可否。”由此看来，有多大的能耐，就做多大的事，切勿勉强。

有一群人来到一座深山，发现一位大师正在山谷里挑水。挑得不多，两只木桶里都没有装满。

按他们的想象,大师应该挑很大的桶,而且挑得满满的。于是,他们不解地问:“大师,这是什么道理?”

大师说:“挑水之道并不在于挑多,而在于挑得够用。一味贪多,适得其反。”众人越发不解。

大师从他们中间选了一个人,让他去山谷打满两桶水。

那人挑得非常吃力,摇摇晃晃,没走几步,就跌倒在地,水洒了一地,膝盖也摔破了。

“水洒了,岂不是还得回头重打一桶吗?膝盖破了,走路艰难,岂不是比刚才挑得还少吗?”大师说。

“请问大师,挑多少才合适呢?”有人问。

大师笑道:“你们看这个桶。”众人看去,桶里画了一条线。

大师说:“这条线是底线, 高于这条线就超过了自己的能力和需要。凡事要尽力而为,也要量力而行。”

众人又问:“那么底线应该定多低呢?”

大师说:“一般来说,目标低一些,就容易实现。人的勇气不容易受到挫伤,相反会培养起更大的兴趣和热情。长此以往,循序渐进,自然会挑得更多,挑得更稳。”

量力而为,相比那些自不量力逞一时之勇者,那些有自知之明,清楚自身实力、不勉强、不盲目、量力而行的人,才是真正的大智慧者。

马末都先生在一篇文章中记叙了他在新疆买杏的故事。那个守着一大片果实累累的杏林的老汉对他说,两角钱一脚。他惊喜天下怎么会有如此买卖?他提了桶到杏林深处挑了一棵粗壮的果实压枝的老树,使足了劲狠踢过去。结果,“脚腕子都青了”,树上的杏却一个都没掉下来。马末都认识到自己力气小,根本无力撼动大树,就吸取教训乖乖找了一棵小树,一脚下去,倒也掉了半桶杏。

马先生叹曰："想来做事都应量力而行，否则不但无益，反而会带来损失。"

买东西之前，要清楚自己口袋里有多少钱，或者信用卡还能透支多少，避免付款时摸不出钱的尴尬。同样，一个人在做事之前，也要先掂掂自己有几斤几两，弄清自己究竟有多大能耐，多大本事，以免因自不量力而摔个头破血流。

有一个年轻人，有一天在逛集市的时候，看见一个老人摆了个捞鱼的摊子。老人向有意捞鱼的人提供渔网，捞起来的鱼归捞鱼人所有。

这个年轻人一时善心大发，他想：我要把这些鱼都捞起来，全部放生。

于是，年轻人蹲下去捞起鱼来，可是，他一连捞碎了三张网，连一条小鱼也没捞到。

年轻人见老人眯着眼看自己的狼狈相，心中似乎还在暗自窃笑，便不耐烦地说："老大爷，你这网子做得太薄了，几乎一碰到水就破了，那些鱼又怎么能捞得起来呢？"

老人回答说："年轻人，看你也是个明白人，怎么也不懂呢？"

老人接着意味深长地说："当你心生意念想捞起很多鱼时，你考虑过手中的渔网是否真的能够承受吗？追求不是件坏事，但是要完全了解你自己呀！"

年轻人不服气地说道："可是我还是觉得你的网太薄，根本捞不起鱼。"

"年轻人，你还不懂得捞鱼的哲学吧！我看到你好几次都捞到了鱼，但每次都因为你捞得太多，以至于网破鱼漏！这就如我们所追求的事业、爱情、金钱是一样的，当你沉迷于眼前目标的时候，你衡量过自己的实力吗？"老人说。

拥有远大的理想不是坏事，但若超出了自身的实际能力，就未免显得不合时宜了。合理定位,适时把握,才能稳妥地达到目标。当一个人的理想超过现有能力的时候就是人生的悲剧,很多人做事不懂得量力而行,导致生命里太多不可承受之重。荷花艳不到秋,就不要与菊争,菊花香不到冬,莫要与梅斗。人也是一样,只有在适当的时候,做适当的事才会成功。不考虑自己的能力,而一味追求远大目标,只能一事无成,空费精力。

所以,要正确地估量自己,不要去做自己力不从心的事情。做自己无法胜任的事情,无疑是自找苦吃。只有量力而行,该放就放,当止则止,才能在轻松快乐的节奏中收获真正属于自己的那份成功。

4.凡事要认真

季羡林的认真可是出了名的。据唐师回忆,有一次他与两位校友到季羡林家闲坐,一位学兄说起张中行应算季羡林的同学,季羡林侧首思索半天,认真答道:“张中行年龄比我大,上学比我早,毕业比我晚,应称校友,不是同学。”该学兄又问钱钟书学问如何,季羡林再次侧首思索半天,说:“虽是同学,但隔行,从未研究过。对未研究过的东西,无法评论。”

什么是认真?《辞海》里的解释是,态度严谨不马虎;当真;信以为真。实际上,认真就是一种态度、一种精神,对工作、对事情能够严肃对待,不应付差事。认真,就要有一种较真的精神,对于原则问题绝不放弃。

季羡林先生在回忆录《留德十年》里讲过一个他亲眼目睹的故事。

1944年冬天,盟军完成了对德国的铁壁合围,德意志第三帝国覆亡在即。整个德国经济崩溃,物资奇缺,笼罩在一片世界末日的氛围里,老百姓自然陷入水深火热的困境中。

不仅食品短缺，寒冷的天气也对老百姓的生命产生了威胁。由于德国地处欧洲中部，冬季非常寒冷，家里如果没有足够的燃料，根本无法挨过漫长的冬天。在这种情况下，各地政府只得允许让老百姓上山砍树。

但让人们难以想象到的是，在帝国崩溃前夕，德国人是如何砍树的。在饥寒交迫生命被严重威胁的时候，他们没有哄抢，而是先由政府部门的林业人员在林海雪原里拉网式地搜索，找到老弱病残的劣质树木，做上记号，再告诫民众：如果砍伐没有做记号的树，将要受到处罚。国家都要灭亡了，谁来执行惩罚，在很多人听来，这简直就是一个笑话。

但令人不可思议的是，直到第二次世界大战彻底结束，全德国竟然没有发生过一起居民违章砍伐无记号树木的事，每一个德国人都忠实地执行了这个没有任何强制约束力的规定。

是一种什么样的力量使得德国人在如此极端糟糕的情况下，仍能表现出超出一般人想象的自律？答案只有两个字：认真。虽然事隔50多年，目睹了这一幕的季羡林先生仍然对此唏嘘不已。他说德国人“具备了无政府的条件，却没有无政府的现象”。

在职场上，认真的态度决定你的未来。比尔·盖茨曾经说过：“无论在什么地方工作，员工与员工之间在竞争智慧和能力的同时，也在竞争态度。一个人的态度越认真，决心就越大，对工作投入的心血也越多，从工作中所获得的回报也就相应的越多。”世界励志大师、全球畅销书《致加西亚的信》的作者——艾尔伯特·哈伯德也曾经说过：“我钦佩的是那些不论老板在不在办公室都认真工作的人。这种人在每个城市、乡镇、村庄，每个办公室、商店、车间，都会受到欢迎。这样的人也才更容易驾驭命运之舟，驶向成功的彼岸。”

大学毕业，到同一家单位工作，有着同样的工作条件，同样的起点，几年后，一些人成了公司中举足轻重的人物。另一些人却碌碌无为，随时面临下课的危险。原因不过是工作态度决定了他们的工作质量。

一位人力资源经理讲了这样一件事，他说前不久一位老同学找他，请他帮忙介绍一份工作。他在电话里说得很可怜，妻子没有工作，孩子要上学，自己多年来虽然做过十来份工作，但每一份都不满意，薪水还不够养家糊口，人到中年还得靠“啃老”支撑日子。

这位人力资源经理最终也没有答应帮这位老同学的忙，不是他不够意思，而是他确实不知道该把这位老同学推荐到哪里。几年前，他也是看其处境可怜，将其介绍到一个朋友那里工作。谁知道，这位朋友差点没为此事跟他翻脸。因为他的这位老同学工作非常不认真，责任心很差，做事丢三落四，安排做六件事，通常会忘掉两件。即便去做，也是马马虎虎，能敷衍就敷衍。

他约这位老同学吃饭，委婉地劝告他，没想到这位老同学却一肚子的怨气，说什么给的工资那么少，怎么认真？每天事情那么多，怎么可能每件事情都做到完美无缺？后来甚至说：反正我是给别人打工，那么苛求干什么？

结果自然是被辞退。

许多人做事只图快，只图省力气，怕麻烦，于是偷工减料，“萝卜快了不洗泥”，这样做出的“成果”必然是经不起检验的。更有一些人秉持着差不多就行了，犯个小错没关系，结果差之毫厘、谬之千里。

工作做到位，要求我们要有严谨的工作态度，对要做的工作不敷衍，无论是大事还是小事都要认真去办，并且做到最好。认真就是不放松对自己的要求，就是精益求精的责任感和敬业精神，就是一丝不苟的做事态度。

世界上的任何事怕就怕“认真”二字。只要你凡事以“认真”开头了，就无须为自己的前途操心了。

5.有为，有不为

季羡林先生说："人生在世，要懂得该做什么，和该怎么去做。"也就是说人生在世，要有所为，有所不为。

杨振宁说："大学里有好多优秀的研究生，他们自己和老师都不能预测未来的成就有多大，可是二三十年后，成就却可能有很大悬殊。事后一回想，成功的同学在当时不见得就比不成功者优秀许多。这其中的一个基本道理是，有人走对了路！"路走对了，是有所为，有所不为；路走错了，归根结底是在该不为时而为，在该为时而不为。要想有为，先要不为。

有位青年人非常刻苦，可事业却没什么起色。他找到昆虫学家法布尔说："我不知疲倦地把自己的全部精力都花在了事业上，结果却收获很少。"

法布尔同情、赞许地说："看来你是一个献身科学的有志青年。"

这位青年说："是啊，我爱文学，我也爱科学，同时，对音乐和美术的兴趣也很浓，为此，我把全部时间都用上了。"

这时，法布尔微笑着从口袋里掏出一块凸透镜，做了一个"小实验"：当凸透镜将太阳光集中在纸上一个点的时候，很快就将这张纸点燃了。

接着，法布尔对青年说："把你的精力集中到一个点上试试看，就像这块凸透镜一样！"

能成大事者，贵在目标与行为的选择。如果事无巨细，事必躬亲，必然陷入忙忙碌碌之中，成为碌碌无为的人。所以，一定要舍弃一些事不做，然后才能成就大事，有所作为。子夏说："虽小道，必有可观者焉；致远恐泥,是以君子不为也。"这正是儒家所说的"不为"是为了"有为",要有所选择而为。

人一生要做许多事,人一天也要做许多事,做一点有价值有意义的事并不难,难的是不做那些不该做的事。做出成就并不难,难的是不嫉妒旁人的成就,不庸人自扰的患得患失,不自吹自擂,不装腔作势,不说空话虚话,将省下来的精力用在"刀刃"上。

人的精力是有限的,只有放弃一些事情不做,才能在别的事情做出成绩。所以,我们要学会审时度势,懂得取舍,坚持值得坚持的,放弃或者暂时放弃某些无关紧要的事情。

有一个年轻人很有才华,但是事业却发展得很不顺利,于是,他去请教一位智者。智者见了他之后,并没有给他讲什么人生道理,只是问他喜欢吃些什么,然后请他大吃了一顿。

智者让人摆了满满一桌子的山珍海味,都是年轻人爱吃的,有些更是只是耳闻,还从来都没有机会尝试过。开始用餐时,年轻人挥动筷子,每个菜都不放过,想要全部都尝尽,所以当用饭结束后,他吃得非常饱。

智者见他酒足饭饱了,就问他:"你吃的都是些什么味道?"

年轻人摸了摸肚子,很为难地说:"太多了,哪里还分得清楚。"

智者又问:"那你感觉吃得舒服吗?"

年轻人听了一愣,讪讪道:"肚囊撑涨,非常痛苦。"

智者笑了笑说道:"是啊!人的肚囊还真是有限啊!"

年轻人看了看满桌都只是浅尝几口的菜肴,顿时彻悟。

年轻人每一样菜肴都不放过,所以他将自己撑得非常痛苦,但是他每一样都仅是浅尝辄止,所以每一样都无法体会到其中三昧。这就好比是人生,人的一生会遇到太多美好的东西,但是我们不可能每一样都去追逐,因为我们没有那个精力。

百度的成功就来自于“专注”，专注于搜索，专注于技术，专注于中国市场。李彦宏回忆说：“在百度上市之前，百度只做一件事情，那就是中文搜索。在创业初期，搜索在硅谷并不是炙手可热的。当时很热的是门户概念、电子商务，以及后来在中国火起来的无线、网游，等等。百度在招第一批员工的时候，碰到了一位特别希望加盟的人，他技术很好，可惜他对我说，如果我们不做e-Commerce(电子商务)，他就不来了。2001年，曾经有一位百度的工程师找到我，很认真地说他想做网上购物，结果被我拒绝了，他因此离开了百度。百度上市后，也有一些共事多年的老同事先后离开了百度去尝试其他的业务。”

李彦宏都没动摇，百度成立20年来，各种新产品层出不穷，赚得盆满钵满的大有人在，像新浪、搜狐等一大批门户巨头也在IT界叱咤风云，可百度仍然坚守着自己的一亩三分地。因此，百度在搜索引擎市场上成了当之无愧而且领先优势十分明显的“一哥”。

这个世界太大，可以做的东西太多，贪多的结果往往是一事无成。这是一个很多人都知道的真理，但是要做到却很难。有所为就是要专注于自己选择的，有所不为就要经得住诱惑，学会放弃。

一位著名的哲学家说：“人类所犯的愚蠢的错误中，最常见的一种就是，他们常常忘记自己所应该做的事情是什么。”反过来讲就是，一个人要想成功，在“有所为”之外，还需要具备“有所不为”的智慧。

第十二课

随性人生，最重要是想得开

1.忘记该忘记的，放下该放下的

季羡林说："如果不能'忘'，或者没有'忘'这个本能，那么痛苦就会时时刻刻新鲜生动，时时刻刻像初产生时那样剧烈残酷地折磨着你。这是任何人都无法忍受下去的。然而，人能'忘'，渐渐地从剧烈到淡漠，再淡漠，终于只剩下一点点残痕。但是有人，特别是诗人，甚至爱抚这一点残痕，写出了动人心魄的诗篇，这样的例子，文学史上还少吗？"

就像山道弯弯，人生的道路怎么可能一路平坦呢？与其痛苦地挣扎不如忘记痛苦。

有位年轻人，得知自己恋慕已久的女子要嫁给一个富商，十分痛苦。自此自暴自弃，破罐破摔，每天喝得烂醉如泥，惹是生非。镇上的人见了他，纷纷避让，生怕招惹祸端。

一个在镇上颇有威望的老者见到他这副模样，没有安慰他而是呵斥他道："有本事你就把她追回来。"

"可是，她已经要嫁给别人了。"年轻人哀怨地说。

"如果你有本事，你就有机会，你还有时间，你需要的是振作！"老者义正词严地说。

"可我一无所有，怕是没什么指望了。"年轻人哀怨着。

"你还有今天，你还有明天，你还有一身的力气。"老者说道。

年轻人终于鼓起勇气，远走他乡。

三年后，年轻人回到镇上，找到了那位老人。老人告诉他，那个女子已经嫁给了富翁。年轻人笑了笑，说："一切都已经过去了，你教给我的不是怎么娶一个女人，而是教会我怎么去忘记一个女人。"

如果一件非常糟糕的事情对我们已经造成伤害，那么我们苦苦回忆它，不能忘记它，这无异于在旧伤上又添了新创。人要想活得自信、洒脱，最好的方法便是做个健忘的人。过去的事就让它过去吧！

有一位高僧，他酷爱茶壶，只要听说哪里有好壶，不管路途多远他一定会亲自前往鉴赏，如果中意，花再多钱也舍得。在他所收集的茶壶中，最中意一把龙头壶。一日，一个久未见面的好友前来拜访，他拿出这把龙头壶泡茶招待朋友。朋友对这只茶壶赞不绝口，观赏把玩时一不小心将它掉落到地上，茶壶应声破裂。

高僧蹲下身子，默默收拾这些碎片，然后拿出另一只茶壶继续泡茶、说笑，好像什么事也没发生一样。

事后，有人问他："这是你最钟爱的一只壶，被打破了，难道你不难过，不觉得惋惜吗？"

高僧说："事实已经造成，对碎壶留恋又有何益？不如重新去寻找，也许能找到更好的呢！"

很多时候,我们对已经发生的事情耿耿于怀,其实就是抱着烦恼不放。带着痛苦上路,只会苦上加苦。

一个青年背着一个大包千里迢迢跑来找禅师。

他说:“大师,我是那样的孤独、痛苦和寂寞,长期的跋涉使我疲倦到极点。我的鞋子破了,荆棘割破双脚;手也受伤了,流血不止;嗓子因为长久的呼喊而喑哑,为什么我还不能找到心中的阳光?”

禅师问:“你的大包里装的什么?”青年说:“它对我可重要了。里面是我每一次跌倒时的痛苦,每一次受伤后的哭泣,每一次孤寂时的烦恼,靠着它,我才能走到您这儿来。”

于是,禅师带青年来到河边,他们坐船过了河。上岸后,大师说:“你扛起船赶路吧!”“什么,扛着船赶路?”青年很惊讶,“它那么沉,我扛得动吗?”

“是的,孩子,你扛不动它。”禅师微微一笑,说,“过河时,船是有用的,但过了河,我们就要放下船赶路,否则,它会变成我们的包袱。痛苦、孤独、寂寞、灾难、眼泪,这些对人生都是有用的,它能使生命得到升华,但须臾不忘,就成了人生的包袱。放下它吧!孩子,生命不能太多负重。”

青年放下包袱,继续赶路,他发觉自己的步子轻松而愉悦,比以前快得多。原来,生命是可以不必如此沉重的。

背着包袱上路是很辛苦的,尤其是背着痛苦的包袱。所以,我们要学着放下,懂得放弃才能快乐。

心理学家研究证明,很多人心情郁闷,不是因为他们此刻正在经受什么事情的折磨,而是他们沉浸在过去一些郁闷的事情中。有些事情甚至都已经过去好几年了,但他们仍然耿耿于怀。让那些该走的都走吧,死死不愿松手的人,可能到最后失去的更多。

如果你因为失去而伤心难过,那是因为你从小到大就习惯了拥有，认为拥有的越多就会越快乐，害怕失去，认为失去就会带来痛苦。的确，失去会带来痛苦，但更多的时候，正是因为失去，才让你得到更多。而有所得必有所失，同样有所失也必有所得，所谓“失之东隅，收之桑榆”。

过去的灾难纵然值得我们为此痛苦万分，但问题在于即便我们痛苦到老，事实也无法改变。事情既然已经过去，就让痛苦的心情也一起随同事情埋葬在过去吧。不要浪费过多的时间和心情在过去那些令你郁闷的事情上，因为生活还要继续！

法国哲学家、思想家蒙田说过：“今天的放弃，正是为了明天的得到。学会将过去放下，我们才可以摆脱烦恼的纠缠，使整个身心沉浸在轻松悠闲的宁静之中。”

2.学会适应，但不是迁就

在《迁就与适应》一文中，季羡林说：“‘迁就’的宾语往往是不很令人愉快、令人满意的事情。在平常的情况下，这种事情本来是不能或者不想去做的。极而言之，有些事情甚至是违反原则的，违反做人的道德的，当然完全是不能去做的。但是，迫于自己无法掌握的形势，或者出于利己的私心，或者由于其他的什么原因，非做不行，有时候甚至昧着自己的良心，自己也会感到痛苦的。”

对于“适应”，季羡林说：“‘适应’的宾语，同‘迁就’不一样，它是好的事物，进步的事物；即使开始时有点困难，也必能心悦诚服地予以克服。在我们的一生中，我们会经常不断地遇到必须‘适应’的事务，‘适应’成功，我们就有了‘进步’。”

日本渔民出海捕鳗鱼，因为船小，回到岸边时鳗鱼几乎都死光了。

有一个老渔民，他的船和船上的各种捕鱼装备以及装鱼的船舱，和别人没有什么不同，可他的鱼每次回来都是活蹦乱跳的，因此卖的价钱也高过别人一倍。

没过几年，这个渔民就成了远近闻名的大富翁。这个人一直保守着这一秘密，直到身染重病不能出海捕鱼了，才把这个秘密告诉了他的儿子。

原来，他在装鳗鱼的船舱里放进了一些鲶鱼。鳗鱼和鲶鱼生性好斗，为了对付鲶鱼的攻击，鳗鱼也被迫竭力反击。

在战斗的状态中，鳗鱼求生的本能被充分调动起来，于是就活了下来。而没有放进鲶鱼的鳗鱼，它们只知道被捕住了，等待它们的只有死路一条，生的希望破灭了，在船舱里过不了多久就会死掉。

渔民最后忠告他的儿子，要适应环境，因为环境不会迁就自己。

如今，常听一些人说自己怀才不遇，真的是这样吗？也许我们要思考的不应是“遇与不遇”的问题而是“怀没怀才”的问题。如果真怀才，所有的“不遇”都会被改写成“遇”。

其实这种怀才不遇的人多半是在迁就自己、姑息自己，听任自己在某些“特别的时刻”松弛懈怠，用一个个强有力的理由劝止自己前行的脚步。

秋天，一位年轻人流浪到寺庙。每到用餐时，他就惆怅地盯着菩萨，像在祈盼什么。大师见他可怜，便催促弟子快些给他送去食物。

渐渐地，年轻人与弟子们熟络起来，饿了的时候便直接让弟子去找大师要食物。弟子匆忙地去找大师，可大师却总想出各种理由推迟片刻后才让弟子备好食物，还吩咐慢些给他送去。

如此这般次数多了，弟子疑惑不解地问大师："为何您以前急着要给年轻人送食物，如今却总在故意延迟呢？"

大师微微地笑说："以前他是想吃东西，我们给他送去食物，那是在成全他，让他先适应环境；而如今他是要东西吃，我们再给他送去，则成了迁就。成全是帮他，所以要快；迁就是害他，所以要慢呀！"

或许因为各种原因，别人会选择迁就我们，顺从我们，这看起来是和善之举，其实到头来只会害了我们。因为生活不会迁就任何人，所以我们必须学会适应。

孔子到吕梁山游览，那里瀑布几十丈高，流水水花远溅出数丈，水流很急，鱼都无法存活，却见一人在游泳。孔子认为他是有痛苦想投水而死，便让学生沿着水流去救他，那人却在游了几百步之后出来了，披散着头发，唱着歌，在河堤上漫步。

孔子赶上去问他："刚才我看到你在那里游，以为你是有痛苦要去寻死，便让我的学生沿着水流来救你，你却游出水面。我还以为你是鬼怪呢，请问你到那种深水里去有什么特别的方法吗？"他说："没有，我没有方法。我起步于原来本质，成长于习性，成功于命运。水回旋，我跟着回旋进入水中；水涌出，我跟着涌出于水面。顺从水的活动，不自作主张。这就是我能游泳的缘故。"

孔子说："什么叫作起步于原来本质，成长于习性，成功于命运？"他回答："我出生于陆地，安于陆地，这便是原来本质。从小到大都与水为伴，便安于水，这就是习性。不知道为什么却自然能够这样，这就是命运。"

适者生存，这是人类一切问题的答案。试图让整个世界适应自己，这是很幼稚的举动，而且是一种不明智的愚行。

那位智者让自己适应水流，而不是让水流适应自己。就这样，智者成功了。这不是一种方法，也不是一个技巧，而是一种智慧。

3."老"是回避不了的事实

季羡林说："我的人生观是顺其自然，有点接近道家。我生平信奉陶渊明的四句诗：'纵浪大化中，不喜亦不惧。应尽便须尽，无复独多虑。'在这里一个关键的字是'应'。谁来决定'应''不应'呢？一个人的一生，除了自杀以外，是无权决定的。因此，我觉得，对个人的生死大事不必过分考虑。"

季羡林认为我们活着的地方毕竟不是天堂，不完满才是人生。他对待死亡，非常坦然和超脱。他说："死亡什么时候来临，对我来说都是无所谓的。我随时准备着开路，而且无悔无恨……我自己的确认为死亡是微不足道极其自然的事。连地球，甚至宇宙有朝一日也会灭亡，戋戋者人类何足挂齿！"

大热天，禅院里的花被晒枯萎了。"天哪，快浇点水吧！"小和尚边喊着边去提了一桶水来。"别急！"老和尚说，"现在太阳大，一冷一热，非死不可，等晚上再浇水。"

傍晚，那花已经成了"霉干菜"的样子。"不早浇……"小和尚嘟囔着说，"一定已经死透了，怎么浇也活不了了。""少啰唆！浇！"老和尚指示。

水浇下去，没多久，已经垂下去的花居然缓了过来，而且生意盎然。

“天哪！”小和尚喊，“它们可真厉害，憋在那，撑着不死。”“胡说！”老和尚纠正，“不是撑着不死，而是好好活着。”

“这有什么不同呢?”小和尚低着头。“当然不同。”老和尚拍拍小和尚，“我问你，我今年八十多岁了，我是撑着不死，还是好好活着？”

晚课做完了，老和尚把小和尚叫到面前问：“怎么样？想通了吗？”“没有。”小和尚仍然低着头。

老和尚敲了小和尚一下，说：“笨哪！一天到晚怕死的人，是撑着不死；每天都向前看的人，是好好活着。”得一天寿命，就要好好过一天。那些活着的时候为了怕死而拜佛烧香，希望死后能成佛的人，绝对成不了佛。

见小和尚恍然，老和尚又笑笑说：“如果今生能好好过日子！都没好好过，老天怎么给人死后更好的日子呢？”

生老病死，原是自然规律，无须我们过多担心，但并不是所有人都能面对衰老。比如一些人到了中年，发觉体力远不如20岁时生猛了，觉得自己“不行了”。年龄再大一点，为了刻意回避年龄，会在穿衣打扮上“装嫩”，会特别在意别人说自己老了。

其实，这是因刻意回避“老”而产生的恐惧感。一是来自于想象的因素，想象着年龄变大，生病的可能性也增大，要受痛苦的折磨；二是担心增多，总担心有人会取走自己所有的财物，担心自己丧失身体上与经济上的自由。

有一个小沙弥名叫心通，他忽然厌倦起暮鼓晨钟的禅修来，认为时光过得太慢，他急切地盼望自己早日成为一代法师。有一天，他对道悟禅师说：“我什么时候能像师父一样道行深远、德高望重就好了，那才是令人羡慕的人生境界啊！”

道悟禅师听后，未发表任何意见和看法，只是用手指指天边的一朵白云,对心通说:“你看那朵云多么漂亮!”心通也附和着说:“真的漂亮!”然后,道悟禅师又指指一盆正在怒放的花说:“你看那盆花,开得多鲜艳啊!”心通也附和着说:“真鲜艳啊!”

过了几个时辰,刚才的事情心通都快忘了,道悟禅师又忽然问他:“刚才那朵漂亮的白云呢?”

“早已飘逝得无影无踪。”心通看看天边,顺口说道。

又过了不知多少天,当心通把白云、鲜花的事情早已忘到脑后时,道悟禅师又忽然对他说:“你去把我那天指给你的那盆鲜花捧过来,我看开得怎么样了。”

心通赶紧去找那盆花,可是,花期已过,那盆花只有发黄的枝叶了。道悟禅师对心通说:“生命都是过眼云烟啊!”

直到这时,心通才豁然顿悟。

对某些人而言,死的恐惧是最残酷的。在过去的黑暗时代,那些诡诈的人,为取得报酬,会在死亡上做文章。

一位所谓的神人喊着说:“到我的帐篷里来,拥护我的信仰,在你死时,准许你直接进入天堂。”他又喊着说,“留在帐外者,魔鬼会将你抓去,永远地将你焚烧。”

地狱也是这些人常用的词。地狱被认为是囚禁和惩罚生前罪孽深重的亡魂之地,是阴间的监狱和刑场。只要一提起地狱,便可抓住人的想象力,而且想象力是如此的逼真,以致理性麻木,衍生起怕死的意念。

生命如花开花落,绽放、枯萎、凋谢都是不可抗拒的自然现象。与其盲目害怕,不如好好地过好现在。

4.世态炎凉心不凉

当年季羡林从牛棚里放出来以后，在长达几年的时间里，成了燕园中一个“不可接触者”。路上遇见，也视若路人。当季羡林“官”复原职时，由原来的门可罗雀，到宾客盈门。季羡林说：“一个忽而上天堂，忽而下地狱，又忽而重上天堂的人，哪能没有想法呢？我想的是：世态炎凉，古今如此。”尽管这样，季羡林还是没有怪罪任何人。

季羡林说：“对世态炎凉的感受或认识的程度，却是随年龄的大小和处境的不同而很不相同的，绝非大家都一模一样。我在这里发现了一条定理：年龄大小与处境坎坷同对世态炎凉的感受成正比。年龄越大，处境越坎坷，则对世态炎凉感受越深刻。反之，年龄越小，处境越顺利，则感受越肤浅。这是一条放诸四海而皆准的定理。”

曹雪芹恐怕比任何人对世态炎凉都要有切肤之痛。曹家本和皇室有着密切的联系，康熙皇帝南下的时候曾经住在他的家中。这样的荣宠无量，不知道有多少人对曹家巴结奉承。曹雪芹作为曹家的一分子，自己也见过很多这样的嘴脸。年幼的曹雪芹在“秦淮风月”之地过着“繁华”的众星捧月的生活。

但是“天有不测风云，人有旦夕祸福”。雍正年间，曹雪芹一家受政治斗争的牵连，被查抄家产，曹雪芹从贵公子一下子成为贫民。这个时候，那些曾经想要依附曹家的人全都作鸟兽散。曹雪芹也不再是别人心中的贵公子，而是一个落魄之人，昔日那些人也没有一个人愿意再与他来往。一贫如洗的曹雪芹在那个时候终于感受到了真正的世态炎凉。

但是曹雪芹没有因此对生活失去信心，经历过伤痛之后，曹雪芹的生活恢复了正常。他安贫乐道，过着自己的日子，即使衣食无着，他也毫不在意。在这样的生活中，曹雪芹走上了文学创作的道路，最终写出了旷世奇作《红楼梦》。

很多人都在感叹世态炎凉，于是有了一部自己的哀伤史。可究竟有多少世态炎凉是真正和我们自己有关的呢？那些哀伤里总免不了有自己拉开的序幕，或自己搬起的石头。换句话说，自己做人越挑剔，越算计，越虚伪，自己看到的人性之恶就越多，自己经历的世态炎凉也就越多。即便有一时的得意，心底的哀伤也会如影随形。

人一走茶就凉，话不投机半句多，利益面前人总是优先考虑自己……为何要如此看重这世态炎凉？这个世态本来就如此，那些炎凉本就是真相。生活的美好里也包含着残酷，自己善良它就美好，自己阴暗它就残酷。

我们应该理解那些和我们有关的人，或许他们的错误只是因为惧怕世态炎凉里的独自落寞。而那些和我们无关的人，自己根本不必在乎，这只是一些在世态炎凉里堕落和沉沦的人，在发泄他们的不满，制造扰人的噪声罢了。

清朝有位姓胡的文人，落魄时给财主当私塾先生，财主还总是看他不顺心，想辞掉他。有一日，天降大雪，财主大宴宾朋。来赴宴的都是本地名流，胡先生也被破例邀请参加宴会。雪越下越大，可以看见窗外的竹子都被雪压弯了，头垂到地上。

席间，财主对胡先生说："有个对子，让你现在就对。能对上呢，这塾师的位子还是你的。否则，我就要另请高明了。"接着口述一联：雪压竹枝头扫地，只因腹内空虚。先生知道，这是财主逐客的办法，并让自己当众出丑，十分气愤。人到情急之时，常常文思阻塞。先生一时想不到好对，又愧又气，即刻离席走了。

几年后，先生飞黄腾达，官至军门。有一天，胡军门的手下找到当年的财主说："胡大人有请。"财主的心乱跳不止，不知是福是祸。

一见面，胡军门说："您的那副对子，我一直没忘。"财主吓得打哆嗦，赶忙下跪，说："小的不该如此，请大人恕罪。"胡军门说："请起，请起。出对以判赏罚，何罪之有？只是这对子出得太好了，害得我想了好几年。昨日春游，见柳枝为风所动，飘飘忽忽，猛然悟出对句，今日特请故主人过目，看可否交卷？"说完，取出一纸，上面写着：风吹柳叶背朝天，足见眼前轻薄。财主连"好"字都没敢说，羞愧无言，连忙叩谢而去。

有些人有权力批评你，比如爱你的人；有些人没权力批评你，比如根本不了解你的人。穿自己的鞋，走自己的路，让别人说去吧，既然你的目标是地平线，你留给别人的就只能是个背影。做真实的自己，靠才能吃饭，世态再变又怎样？不做卑鄙的小人，保持有温度的心灵，世态再寒凉又如何？原来我们一直可以做到眼不见为净，心不冷为美。我们也就会慢慢变得平静从容，不再给自己借口伤害别人，也不再给别人机会伤害自己。

欣赏那些在鱼龙混杂的社会上摸爬滚打过，却不言炎凉的人。在他们眼里，那世态不过就是最真实的生活，其中的酸甜苦辣只是追求成功的代价而已。那些冷漠的人性，贪婪的欲望，狡诈的虚伪在残喘横行，会炎凉着那个早已变质的灵魂，却炎凉不了那些坚持着做好自己的心。

都道世态多炎凉，有人却说是平常。再换句话说，你做人越真实，越简单，越纯净，你所看到的人性之善就越多，你所经历的世态炎凉也就越少，就算有伤痛时的黯然，那心底的快乐也会最终战胜一切。

世态炎凉，不必看重。在世态里走，走出自己的一花一世界；在炎凉里悟，悟出自己的一叶一天堂。

5.行至水穷,坐看云起

季羡林无论面对打击,还是荣誉都会表现出淡然的态度,因为季羡林看透了一切存在都有其合理性,无需过分在意。即使是困境,总会有过去的时候;即使是荣誉,总会有光环褪色的时候。

季羡林的态度可以用王维的诗去体会。王维有两句诗"行到水穷处,坐看云起时",诗中"水穷处"指的是走到最后溪流不见了,但水源还在地表之下。不如索性坐下来,看见山巅上云朵涌起。原来水上了天,变成了云,云又可以变成雨,到时山涧又会有水了。

有好多天,一休和尚独坐参禅,默然不语。师父看出其中玄机,微笑着领他走出寺门。寺外,一片大好的春光。放眼望去,天地间弥漫着清新的空气,半绿的草芽,斜飞的小鸟,动情的小河……

一休深深地吸了一口气,偷窥师父,师父正安详打坐于半山坡上。

一休有些纳闷,不知师父葫芦里卖的什么药。

过了一个下午,师父起身,没说一句话,打个手势,把一休领回寺内。

刚入寺门,师父突然跨前一步,轻掩两扇木门,把一休关在寺外。

一休不明白师父的旨意,独坐门外,思悟师父的意思。

很快天色就暗了下来,雾气笼罩着四周的山冈,树林、小溪、连鸟语水声也不再明晰。

这时,师父在寺内朗声叫一休的名字。一休推开寺门,走了进去。

师父问:"外面怎么样?"

"全黑了。"

"还有什么吗?"

“什么也没有了。”

“不”，师父说“清风、绿野，花草，小溪……一切都在。”

一休忽然领悟了师父的苦心。

人生何不是如此？有时候爱情、事业、学问等，自己勇往直前地去追寻，到后来竟然发现那是一条绝路，没法走下去了，大有山穷水尽、穷途末路之感。此时不妨往旁边或回头看看，也许有别的通路。即使确实没有路可走了，往天空看吧！虽然身处绝境中，但是心还可以畅游太空，还可以很自在、很愉快地欣赏大自然，体会宽广深远的境界。

如果因困难而生退心，不妨也把念头回到初心，回溯当时的情形再看看现在，不是已经走了相当长的一段富有成果的路了吗？人生的每个阶段也都可能发生这种状况，如果用这种诗境来看待，处处都会有通途。

“行到水穷处，坐看云起时”描绘了一种境界：身处绝境时不要失望，因为那正是希望的开始；山里的水是因雨而有的，有云就表示水快来了。所以，人们常用此来自勉或勉励他人，遇到逆境、绝境时，把得失放下，就会有新的局面出现。

里夫在电影《超人》中扮演超人而一举成名。但谁能料到，一场大祸会从天而降呢？

1995年里夫在弗吉尼亚一个马术比赛中发生了意外事故，以致第一及第二颈椎全部折断。

当里夫醒来时，他正躺在病房里，医生说里夫的颅骨和颈椎要动手术才能重新连接到一起，而医生不能确保里夫能活着离开手术室。

那段日子里夫万念俱灰，许多次他甚至想轻生。他用眼睛告诉妻子丹娜：“不要救我，让我走吧。”丹娜哭着对他说：”不管怎样，我都会永远和你在一起。”

随着手术日期的临近，里夫变得越来越害怕。一次，他3岁的儿子威尔对妻子丹娜说:"妈妈,爸爸的膀子动不了呢。""是的"丹娜说。"爸爸的腿也不能动了呢。"威尔又说。""是的,是这样的。"丹娜回答儿子。

威尔停了停,有些沮丧,忽然他显得很幸福的样子,说:"但是爸爸还能笑呢。"威尔的这一句话,让里夫看到了生命的曙光,找回了生存的勇气和希望。

尽管里夫的腰部以下还是没有知觉,但他毕竟克服了剧烈的疼痛而顽强地活了下来。他充满自信,每天坚持锻炼,以好心情迎接每一天。后来,他不仅亲自导演了一部影片,还出资建立了里夫基金,为医疗保险事业做出了贡献。里夫坚信他会在50岁之前重新站立起来,他要做一个真正的"超人"。

在里夫的自传里,他郑重地记下了儿子的那句话"但爸爸还能笑呢"。是的,不管灾难有多严重,都要记得,我们还有微笑。

安之若素,淡然处之。周瑜执着于得失,苦苦不肯放手,终至急怒攻心而亡;项羽难以接受败绩,迟迟不肯过江,空留一腔余恨。英雄人物虽然因其神勇、智慧而名留千古,但终不免让人为之叹息。

得之我幸,失之我命。笑看得失荣辱是一种境界,也是一种涵养。伟大诗人李白在被赐金还山时曾作诗"仰天大笑出门去,我辈岂是蓬蒿人",显示了他的洒脱与自信;革命领袖孙中山先生为了革命的胜利,多次起义,不顾个人荣辱得失,其坚韧与执着,又有几人可与之并论?生活从来不是一幅完美的画卷,人有悲欢离合,月有阴晴圆缺,若我们只看到花谢凋零,苍凉落叶,心中也便只存悲伤。

第十三课

与人为善，别人也会善待你

1.为别人着想百分之六十

在季羡林心里，怎样的人才算是“好人”呢？季羡林曾说：“一个人除了为自己着想外，能为别人着想的水平达到百分之六十，他就算是一个好人。”

季羡林又说：“我考虑别人的利益，为别人着想，我自认能达到百分之六十。我只能把自己划归好人一类。”了解季羡林的人都知道，他为别人着想，远远超过百分之六十。

其实，在生活中的很多时候，多帮助别人，也会给自己带来意想不到的收获。

有一次，一位中年妇女走进拉德的展销厅，想在这儿看着车打发一会儿时间。闲谈中，她告诉拉德想买一辆白色的福特车，就像她表姐开的那辆，但对面福特车行的推销员让她过一个小时再去，所以她就来这儿看看。她还说这是送给自己的生日礼物，因为“今天是我55岁生日”。

“生日快乐！夫人。”拉德一边说，一边请她进来随便看看。接着出去交代了一下，然后回来对她说：“夫人，您喜欢白色车吧，既然您现在有时间，我给您介绍一下我们的双门式轿车，也是白色的。”

一会儿，女秘书走了进来，递给拉德一打玫瑰花。拉德把花送给那位妇女，说：“祝您长寿！尊敬的夫人。”

她很感动，眼眶都湿了：“已经很久没人给我送礼物了。”她说，“刚才那位福特推销员一定是看我开了部旧车，以为我买不起新车。我刚要看车他却说要去收一笔款，于是我就来到这儿。其实，我只是想要一辆白色车而已，只不过表姐的车是福特，所以我也想买福特。现在想想，不买福特也一样。”

最后，她在拉德那里买了一辆雪弗兰。其实从头到尾拉德的言语中都没有劝她放弃福特而买雪弗兰的词句，只是因为她在这里感觉受到了重视，于是放弃了原来的打算，转而选择了他的产品。

拉德被誉为世界上最伟大的推销员，他在十五年中卖出13001辆汽车，并创下一年卖出1425辆的纪录，这个成绩被收入《吉尼斯世界大全》。

我们都希望得到别人的支持和理解，更希望得到别人的关心。其实，我们帮助别人就等于帮助自己。我们都处于一个大集体中，每个人都不可能孤立地存在。有时候，我们也需要别人的帮助，而在这个时候站出来帮我们的往往就是那些我们曾经帮过的人。

爱出者爱返，福往者福来。帮助他人，实际上也是在帮我们自己，当我们把别人脚下的绊脚石搬开时，或许正好给自己铺平了道路。

两个钓鱼高手一起到鱼池垂钓。这二人各凭本事，一展身手，一会儿工夫，皆大有收获。

忽然间，鱼池附近来了十多名游客。看到这两位高手轻轻松松就把鱼钓上来，十分羡慕，于是都到附近去买了钓竿来钓鱼。

没想到，这些不擅此道的游客怎么钓也毫无成果。

话说那两位钓鱼高手的个性相当不同，其中一人孤僻而不爱搭理别人，单享独钓之乐；而另一位高手却是个热心、豪放、爱交朋友的人。

爱交朋友的这位高手看到游客钓不到鱼，就说："我来教你们吧。"

教完这一群人，他又到另一群人中传授钓鱼术。

一天下来，这位热心助人的钓鱼高手把所有时间都用在指导垂钓者身上，还认识了一群新朋友，同时被人们左一声"老师"，右一声"老师"叫着，备受尊崇。临行时，那些被他指导过钓鱼方法的人看这位"老师"钓的鱼不多，就主动你给一条，他给两条，把他的鱼篓装满了。

而同来的另一位钓鱼高手却没有享受到这种服务他人的乐趣。当大家围绕着他的同伴学钓鱼时，他就更显得孤单落寞。闷钓一整天，检视竹篓里的鱼，收获也远没有同伴的多。

卡耐基说："一个人有益于人时，才能变得真正富有。"当我们助人时，其实就是在帮助自己。在"爱需要付出"这个问题上，有三种人：一是接受者，只接受不付出；二是交换者，接受以后再付出；三是投资者，先付出后接受。

有些人满眼都是自己，只注重自己的感受，只知索取不知回报，只关心自己能得到什么，像一个"填不满的穷坑"。他们很少关注别人的感受，很少会有意地去帮助别人做事。

有些人注重"两不亏欠"，他们乐意给予，常常是因为觉得自己亏欠那些帮助过自己的人，想把事情"扯平"。

有些人主动付出，如果有回报，他们也乐于接受。因为抱着主动付出的想法，他们往往最早得到好处，实现双赢。

有了一撇一捺，才能铸就一个相互支撑的"人"字。有的人天生聪慧，可以独立为自己铸造那"一撇一捺"；而有的人，生下来就只是"一撇"，那就需要别人给他“一捺”。能让人生更好地飞翔的不一定是一双最有力量的翅膀,更多的时候可能是在你飞翔时助你一臂之力的朋友。

2.凡事要多反求诸己

季羡林说:“任何一个人,包括我自己在内,以及任何一个生物,从本能上来看,总是趋吉避凶的。因此,我没怪罪任何人,包括打过我的人。我没有对任何人打击报复,并不是由于我度量特别大,能容天下难容之事,而是由于我洞明世事,又反求诸躬。假如我处在别人的地位上,我的行动不见得会比别人好。”

很久以前,有一个国家叫作“波罗奈国”。这个国家有一个很坏的风气,家中老父年过六十之后,人们就给他换上破鞋子,让他看守门户。

当地有一对兄弟,他们的父亲已年过六十了。有一天,哥哥对弟弟说:“你给父亲换一双破鞋子,让他去看门吧。”

弟弟走进房间,拿了三双破鞋出来,将其中一双给了父亲,对父亲说:“哥哥让您穿上这个去看守门户。”

哥哥奇怪地问弟弟:“为何要多拿两双破鞋呢?”

弟弟回答:“你我以后难道不会老吗?到那个时候,我们的儿子也会让我们穿着破鞋去看门。所以我一并将我们两个将来需要的破鞋也找了。”

哥哥愣住了,问:“我们以后当真也会这样吗?”

弟弟说:“那还能怎样呢?只要这种不孝顺老人的习气存在,我们就终究会面对这样的一天。”

哥哥明白过来这个道理后，就带着弟弟一同来到王宫，向国王禀明自己的想法。最终，国王废除了这种坏习气，并开始教导子民要孝顺父母。

人们习惯于从自身的角色出发，站在自己的立场来看待别人，所以不同程度地存在着自我中心式思维。人们也习惯于把交往中的矛盾归罪于对方，双方各执一词，互不相让，自然难以相互理解。因为人们往往习惯“己所不欲，却施于人”。

富勒说过，“向别人扔污物的人，把自己弄得最脏。”几千年来，人类在对待人际关系中始终都遵循这样一条定律：种瓜得瓜，种豆得豆。你如何对待别人，你种的是善因还是恶因，你强加于人的是自己的喜或恶，最后都会回应在你的身上。

虽然为别人着想是好的，但不可强加于人。自己喜欢的东西，别人也许接受不了，我们不能把自己的喜恶强加于别人。若非要他人与我们一样，可以说这是强人所难。当然，自己讨厌的东西更不可以强加于人。

两个农夫忙完了田里的工作，一起回家。他们走在路上，农夫甲忽然发现地上有一把斧头，就跑过去捡起那把斧头。他看了看斧头，觉得还很新，就想带回家占为己有。农夫乙看到这把斧头就顺口说了句：“我们发现了一把斧头。”

农夫甲认为，这把斧头是他发现的应该归自己所有，便就对农夫乙说：“你刚才说错了，你不应该说‘我们发现’。因为这是我先看见的，所以你应该改口说‘你发现了一把斧头’才对。”

他们两个继续往前走，农夫甲的手上仍然拿着那把捡到的斧头。过了一会儿，遗失这把斧头的人走了过来，远远地看见农夫甲的手上拿着自己的斧头，就匆匆忙忙地追上来。眼看对方就要追上来了，农夫甲很紧张地看农夫乙一眼，然后说："怎么办？这下子我们就要被他捉到了。"

农夫乙听他这么一说，知道农夫甲想把责任归咎到两个人身上。于是农夫乙就很严肃地对农夫甲说："你说错了，刚才你说斧头是你发现的，现在人家追来了，你就应该说'我快被他捉到了'，而不是说'我们快被他捉到了'。"

己所不欲，勿施于人。友好换来的可能是友好，微笑换来的可能是微笑。相反，对别人不友好、不公平，别人也很可能对你不友好、不公平。

战国时，梁国与楚国交界，亭卒们在各自的地界里种西瓜。楚亭的亭卒懒惰，但要面子，见梁亭的瓜长势好，趁一月黑之夜把梁亭的瓜秧全给扯断了。梁亭亭卒报告县令宋就，宋就反而命令亭卒们每晚悄悄地过去帮楚亭瓜秧浇水。楚亭的人发现梁亭人悄悄为他们浇瓜秧，报告边县县令，县令感到非常惭愧又非常敬佩。楚王听说后，也感于梁国人修睦边境的诚心，特备重礼送梁王以示自责，自此敌国变成了友邻。

只有时时事事都站在不同的立场上冷静地想一想，尤其是多为别人想一想，多考虑一下别人的利益，才能不使自己的意志强加于人，才能不以自己的好恶为好恶，不做侵犯别人利益、伤害别人心灵的事儿。这样便不会招致别人的愤恨及反对，从而容易赢得别人的全力支持。

3.以和为贵

处世中，以和为贵的重心在于与人为善，宽厚待人。季羡林就是这样一个人。

季羡林全家和睦，是朗润园里有名的五好家庭。家庭成员之间十分融洽，相亲相敬，从来没有吵过架。有一次晚间停水，有人忘了关好水龙头。家里人都熟睡之后，水来了，水池子堵塞，水全流到屋子里，淹了个“水漫金山”。

季羡林早晨起来一看，屋内到处是水。用电话通知了助手，助手很快赶来了。只见季羡林站在水里，一簸箕一簸箕地往脸盆里舀水，已经倒了好多盆了。放在地上的报纸已经湿了一些，但还算万幸，并未波及书架上的珍贵书刊。一家人在助手的帮助下，好不容易收拾干净利索了，当天家里比较肃静，季羡林只是默默不语，没说过一句埋怨的话。第二天，全家又有说有笑了。

季羡林的以和为贵并不限于对家人和友人，有些陌生人找到他，求这求那，他也是宽厚相待。

有一次，季羡林与友人聊天的时候，闯进一个东北来的年轻人。这个年轻人自来熟，对季羡林十分亲近，弄得大家不好意思说完。

机灵的年轻人毫不客气地让季羡林的朋友拿着他的相机，替他与季羡林留影。接着又缠着季羡林，想让季羡林对录音机说几句。季羡林推托再三，场面有些尴尬，但这个年轻人很坚持，季羡林只好对着塞上来的话筒说：“我对中国文化的认识也是很粗浅的……”最后，季羡林拒绝了这个过分热心的青年题词的要求。

季羡林的朋友说，其实季羡林并不认识这个年轻人，他只是之前来过一封信，自称是中国文化书院的学员。季羡林事后说，这样的外地青年，愿意学中国文化，我又是文化书院的导师，不好推辞啊！

犹太经典《塔木德》上说：“与众人为善，则声名永存。”纵观众多犹太巨商的成功历程，他们有一个共同的特点，即在发财致富中，均会慷慨解囊，广结善缘。

有人说犹太人生活在哪里，善就会在哪里生根。他们不但诚信经商，更与其他人和谐相处，甚至用自己的财富和实业去帮助和庇护犹太同胞或非犹太人。

其实，何止是犹太人，任何人都应该在心中牢牢树立“与人为善”的观念。当然，我们提倡这种善念，并不是仅仅放在心里，更重要的还是要运用到现实生活中去。只有这样，人才能达到“予己立足”的真正目的。

如果我们在小事情上不知退让，乱加树敌，时间久了很可能会酿成大的灾祸。

古时有位老翁，开了间店铺。一年年关前夕，老翁在里间盘账，忽然听见外面柜台处有争吵声就赶忙走了出来。原来是附近的一个穷邻居张老头正在与伙计争吵。老翁一向奉着“和气生财”的信条，先将伙计训斥一通，然后再好言向张老头赔不是。

可张老头板着面孔不见一丝和缓之色。挨了骂的伙计悄声对老板诉苦：“老爷，这个张老头蛮不讲理。他前些日子当了衣服，现在，他说过年要穿，一定要取回去，可是他又不还当衣服的钱。我刚一解释，他就破口大骂。这事不能怪我呀。”

老翁点点头，打发这个伙计去照料别的生意，自己过去请张老头到桌边坐下，语气恳切地对他说：“老人家，我知道你的来意，过年了，总想有身体面点的衣服。大家是抬头不见低头见的熟人，什么事都好商量，何必与伙计一般见识呢？您老就消消气吧。”

老翁马上吩咐另一个伙计查一下账，从张老头典当的衣服中找四五件冬衣。然后，老翁指着衣服说：“这件棉袍是你冬天里不可缺少的衣服，这件罩袍你拜年时用得着，这三件衣服孩子们也是要穿的。这些你先拿回去吧，其余的衣服不是急用的，可以先放在这里。”谁料想张老头拿起衣服，连个招呼都不打，就急匆匆走了。老翁并不在意，仍然含笑拱手将张老头送出大门。

当天夜里张老头死在另一位开店的街坊家中。张老头的亲属控告那位街坊逼死了张老头。最终，那家店花了一大笔银子才将此事摆平。

原来张老头因负债累累，走投无路，预先服了毒，来到老翁的店铺吵闹寻事，想以死来敲诈钱财。没想到老翁一忍再忍，自己吃亏也不与他计较。张老头觉得坑这样的人，即使到了阴曹地府也不得心安，只好赶快撤走，在毒性发作之前又选择了另外一家店。

以和为贵、与人为善是发自内心的善，而不是只与那些有权有势的人为善。如果仅仅以非常势利的眼光来处世的话，到头来可能会事与愿违的。

在社会交往中，我们要真诚待人，以己度人。俗话说，“投之以桃报之以李”“我敬人一尺，人报我一丈”，哪怕是不起眼的人心里也会有“人以国王待我，我以国士报之”的想法。

怀一颗善心对待身边的人，就等于在无形中为自己埋下一粒种子，这颗种子终会生根发芽结出甜美的果实。相反，如果自己不与别人友善，别人也会“以牙还牙，以眼还眼”，与他人过不去，自己也会大受其害。

当为别人献出自己的善心、善举时，你就在无形之中温暖了对方的心，那么当你陷入困境之时，对方也会全力以赴地来帮助你。

4.要做一个讲诚信的人

季羡林一生都讲诚信，他在多篇文章中提倡做人要讲信用。“以诚感人，人亦以诚应之。”俗话说，宝玉无价，而诚信更是无形的资产。以诚信为自己为人处世标准，总会得到应有的奖赏。信用对于一个人是无价之宝。做事先做人，做人先立信。要想人财两旺，就先要建立良好的信用。

有一个号称“锁王”的人。他不仅上过电视报纸，就连当地的公安部门也将其定为业务联系人。公安民警一遇到案件中需要开锁的事，就请他来解决难题。

锁王先前也只是一个修锁的小摊主，经过多年对锁的揣摩，练出一手开锁的绝活。不管什么锁，到了他手里都能打开。因此，他的生意天天不断。后来，他开了一间锁店，几年后又开办了一家锁厂，从锁王变成了企业家。

但凡修锁配钥匙的人，人们多少会对他避防几分。但是，人们对“锁王”却极为信任，别人信任他，不是因为他的绝活，而是他的原则：只管开锁不进客人家门。别人问他为什么，他讲了一个故事：

有个锁匠一生修锁无数，技艺高超。锁匠老了，为了不让绝技失传，他物色了两个徒弟，但两个人中只有一个能得到真传，于是他准备了两个保险柜，分别放在两个房间。大徒弟只用了不到10分钟就打开了保险柜，而二徒弟却用了半个小时。众人都为大徒弟的高超技艺喝彩。老锁匠问大徒弟：“保险柜里有什么？”大徒弟眼中放出了光彩：“师父，里面有很多钱，全是百元大钞。”问二徒弟同样的问题时，二徒弟支吾了半天说：“师父，我没有看见里面有什么，您只让我打开锁。”老锁匠宣布二徒弟为他的接班人。大徒弟不服，众人也不解，锁匠微微一笑说：“不管干什么行业都要讲一个信字，尤其是我们这一行，必须做到心中只有锁而无其他，对钱财视而不见，心中要有一把不能打开的锁。”

俗话说“车无辕而不行，人无信而不立”。汉初民间流传一句谚语“得黄金百斤，不如得季布一诺”，季布为世人所重，就是因为他信守诺言。

曾经，李嘉诚有个对手，人家问他："李嘉诚可靠吗？"他说："他讲过的话，就算对自己不利，他还是按诺言照做，这点是他的优点。"李嘉诚答应人家的事，错的还是照做。让对手都相信他，他是成功的。

有次，李嘉诚的公司和一家拥有大幅土地的公司进行合作，这家公司有个董事跟其他的同行有利益的关系。有人问："你们为什么要跟长江集团合作，不考虑其他公司呢？"

这家公司的董事长说："跟李嘉诚合作，合约签好以后你就高枕无忧了，麻烦就没有了，跟其他的人，合约签好后，麻烦才开始。"

信誉是人一生中最重要的资本。我们只有事事以"信"为重，尊信守诺，才会有"信"满天下的那一天。

三国时代的诸葛亮四出祁山时，所率兵马只有10多万人，而司马懿却有精兵30万。蜀、魏在祁山对阵，正在紧急时刻，蜀军有1万人因服役期满，需退役回乡。而离去1万人，会大大影响蜀军的战斗力。

服役期满的士兵也忧心忡忡，大战在即，回乡的愿望恐怕要化为泡影。这时，将士们共同向诸葛建议：服役期延后一个月，待大战结束后再让老兵还乡。

诸葛亮断然拒绝，并说："治国治军必须以信为本。老兵归心似箭，家中父母妻儿望眼欲穿，我怎能因一时需要而失信于民呢？"说完，诸葛亮下令各部，让服役期满的老兵速速返乡。诸葛亮的命令一下，老兵几乎不敢相信自己的耳朵，随后一个个热泪盈眶，激动不已，决定不走了。

"丞相待我们恩重如山，如今正是用人之际，我们要奋勇杀敌，报答丞相！"老兵的激情对在役的士兵是莫大的鼓励，蜀军上下群情激昂，士气大增，在形势不利的情况下击败了魏军。诸葛亮以信带兵取得了以少胜多的战绩。

人无信而不立，良好的信誉会给自己的行动带来意想不到的便利。

诚实、守信也是形成强大亲和力的基础。诚实守信的人会使人产生与其交往的意愿，在某种程度上，会消除不利因素带来的障碍，使窘途变为坦途。

诚信之人都是讲信义的，也就是说，他们说过的话一定算数，无论大事小事，一诺千金。

答应了别人什么事情，对方自然会指望着你。一旦别人发现你开的是“空头支票”，说话不算数，就会产生强烈的反感。因此，妄开“空头支票”不仅增添了他人的无谓麻烦，而且也损害了自己的名誉。

对别人委托的事情确实要尽心尽力去做，但不要应承自己根本力所不及的事情。

华盛顿说：“一定要信守诺言，不要去做力所不及的事情。”承担一些力所不及的工作或只为哗众取宠而轻诺别人，结果却不能如约履行，是很容易失去别人信赖的。

5.成人之美，不成人之恶

曾国藩说：“见得天下都是坏人，不如见得天下都是好人，存一番熏陶玉成之心，使人乐于善。”这是人性本善的信仰，顺此美好天性，人应当对他人之才加以成全，而不是忽视埋没。

季羡林是个乐于成人之美，而不成人之恶的人。早年，季羡林与诗人臧克家相识，同为山东老乡，加上二人志同道合，几番接触下来，便成知己。臧克家有个女儿，名叫苏伊，之前在一家工厂上班，因不堪工厂恶劣的环境，便想让父亲出面，托季羡林给换个工作。

当时，季羡林是北大副校长，听了臧克家的请求，季羡林当即答应老友的嘱托，说："你叫苏伊来考试吧！"

这下可高兴坏了苏伊，她觉得，季羡林身为北大副校长，想在学校安排个人，岂不是小菜一碟。

很快，季羡林与苏伊二人见面后，告诉她，今天要考的是《大唐西域记》。听罢，季羡林的严肃和较真令苏伊大为咋舌。这样一部艰涩的古文经典，即使是许多大学毕业生都应付不了，何况苏伊只不过是高中毕业，自然是难以回答，只好知难而退。苏伊原以为不过是走走形式，所以根本没有做充分的准备。

季羡林的行为让苏伊的母亲很是不解。臧克家得知事情原委后，并未因此对季羡林心生芥蒂，反而对其做法大为赞赏，他觉得季羡林这是善良，如果苏伊能力足够，让其入校就是成人之美。如果能力欠缺，让其入校，则是成人之恶。此后臧克家一如既往地与季羡林交往，相互探究学问、谈论人生。在此后几十年的时光里，两人交情莫逆，非比寻常。

《大长今》中，中宗和长今接触频繁，顿生爱慕，当他知道长今就是多年前给他送酒的那个小姑娘时，更是觉得他和长今是缘分天注定。可是当知道长今和闵政浩的缘分比他还要深的时候，心中升起了一股醋意，中宗从此陷入了痛苦的深渊。他明确地告诉长今，他爱慕长今，但不会逼她做不愿意做的事情。

后来，中宗终于下定决心，不畏一切艰难，封长今为正三品堂上官，下赐大长今的称号，闵政浩则被流配到异乡。中宗的病情每况愈下，中宗隐秘下令让内侍府的人将长今送到闵政浩被流配的地方，希望两人远走他乡，避免被朝廷官员追杀，因为他知道自己再也无法保护长今了。

一位高高在上的皇帝，因为宽容和大度，终于使得长今和闵政浩有情人终成眷属。应该说，作为皇帝要得到一个宫女是再容易不过的事情了，但是他也知道，是自己的应该争取，不是自己的也勉强不来，这就是中宗的成人之美。

不能因自己喜爱而竞争，有些竞争是可以放弃的，该放手的时候就放手。今天我们成他人之美，明天他人就会成我之美。

古代有一个叫谢原的人，精通辞赋，所作的歌词在民间流传甚广。

有一年春天，谢原到张穆王家做客，张穆王亲自接待他。饮酒畅谈之余，张穆王便让自己的小妾谈氏在帘子后面动情地弹唱。谢原仔细一听，谈氏唱的正是自己所作的一首竹枝词。

张穆王见谢原听得十分出神，干脆叫谈氏出来拜见。谈氏长得非常漂亮，她接着又把谢原所作的歌词都唱了一遍。谢原十分高兴，犹如遇到了知音，对谈氏产生了爱慕之情。他站起来说："承蒙夫人的厚爱，在下感激不尽，只不过夫人所唱的是在下的粗浅之作。我应该重作几首好词，以备府上之需。"

次日，谢原即奉上新词八首，谈氏把它们一一谱曲弹唱，两人配合得十分默契。这样一来，谢原和谈氏你来我往，日久生情，终于有一天，谢原向谈氏表白了。谈氏虽然心里欢喜，但自知是张穆王的小妾，身不由己。

于是，谢原亲自去拜见张穆王，请求张穆王成全。

一个王爷遇到这样的事情大多会大发雷霆，但张穆王知道谢原的来意后，却哈哈大笑起来："其实我早有此意了。虽然我也喜欢她，但你们两个是天生的一对啊。一个作词，一个谱曲，一个吹拉，一个弹唱，你说，这不是天造地设的一对吗？"

谢原没有想到张穆王竟如此大度。后来为报答张穆王，谢原把此事做成词，谈氏把它谱成曲，四处传唱。张穆王成人之美的美名马上传播开来，很多有识之士都来投靠他。

俗话说"在家靠父母，出门靠朋友"。多一个朋友多一条路。要想人爱己，己须先爱人。我们应当时刻存有乐善好施、成人之美的心思，才能为自己多储存些人情的债权。

对于一个身陷困境的人，一碗热面，一杯热茶，可能就使他度过了人生中最艰难的时刻，让他重新树立进取的勇气和信心，成就一番事业。对于一个执迷不悟的浪子，一次交心的促膝之谈，可能就使他重新树立人生的正确方向。

在平常的日子里，一个信任的眼神，可能就成为正义行动的强大动力。一阵赞同的掌声，可能就是对革新思想的巨大支持。

糊涂一点,潇洒一点

1.把别人当成傻瓜,会自食其果

季羡林说:“天下有没有傻瓜?有的,但却不是被别人称作‘傻瓜’的人,而是认为别人是傻瓜的人,这样的人自己才是天下最大的傻瓜。”有些‘聪明人’可以在某些时候欺骗所有的人,但绝不可能在所有的时候欺骗所有的人。凡是把别人当傻子,必会自食其恶果。”

一天,上帝来到水里,寻找生存的智慧。

翘头鱼狡黠地说:“我才不那么傻呢,一有风吹草动,我就会以最快的速度逃离。”

章鱼幽幽地说:“我身体非常柔软,可以将自己塞到任何想去的地方,我最喜欢做的事情就是藏在贝壳或海螺壳里,一旦进去就不再轻易离开。”

鲫鱼得意地说:“那样太保守,没有自由。一旦觉察水中有动静,我就会一头铲到塘底的烂泥里，屏住呼吸，任由渔人的网在水里拉来扯去，设下的陷阱也对我无效。”

鲢鱼神气地说：“那样有些自欺欺鱼。遇到网阻拦，我会使出浑身力气，纵身一跃，跳过网的最高端，轻易逃生。”

上帝很欣慰。他决定化作一名渔人，去人间看看，鱼类的逃生方法收效究竟有多大。

他惊奇地看到，渔人捕捉马嘉鱼时，网由两只小艇拖着，三面敞开，一面大张旗鼓地拦截，一船船马嘉鱼被拖回港口。对付翘头鱼的方法是，在水中下一张网，渔人划着小船四处拍打水面，惊慌失措的鱼纷纷撞上网。对付章鱼就更简单了，渔人把一个个海螺壳钻上孔，用绳子串在一起沉入海底，一条条章鱼就争先恐后地被捕了。至于鲫鱼，渔人连网都不要，一根粗粗的绳索贴着水底拉过，看到水面冒出水花，渔人就一个网罩罩下去。

上帝很失望，他便寄希望于鲢鱼，结果却发现，鲢鱼成了人类的家养鱼，出现在家家户户的餐桌上。

《红楼梦》中王熙凤是“于世路上好机变，言谈去得”“真真泥腿光棍，专会打细算盘”的精明人。在贾府，她想尽各种办法，使用种种计谋，想使贾府振兴起来，维持着大家的局面，同时也积攒些家私。然而她的努力，她的“鞠躬尽瘁”，却换来了贾府上上下下一片不满，最终也没使贾家出现什么起色，却落得个孤家寡人，死后甚至连女儿也保不住。

即使你有些所谓的聪明，能猜透别人猜不透的许多事情，也不可自恃聪明，滥用所谓的聪明。

曹操令人建一花园。临竣工时，曹操来看过花园后，拿起笔来，在大门上写了一个“活”字，便扬长而去。大家犹如丈二和尚，摸不着头脑。

杨修笑着道：“门内添‘活’字，是个‘阔’字，丞相是嫌园门太阔了。”官员见杨修说得有道理，立即返工，改造停当后，又请曹操来看。曹操一见重建后的园门，不禁大喜，问道："谁知道了我的意思？"左右答道："是杨修主簿"。

塞北送来一盒酥饼孝敬曹操，曹操没有吃，只是在礼盒上亲笔写了三个字"一合酥"，放在案头上，自己径直出去了。

杨修于是吩咐众人吃了。曹操见道，问："为何吃掉了酥饼？"杨修道："丞相在酥盒上写着'一人一口酥'，分明是赏给大家吃的，难道我们敢违背丞相的命令吗？"曹操表面上乐哈哈地说："讲得好，吃得对，吃得对！"

曹操战事失利，见碗中有鸡肋，有感于怀。夏侯惇请示夜间号令。曹操随口说："鸡肋！鸡肋！"夏侯惇传令众官，都称"鸡肋"。

杨修便教军士收拾行装，夏侯惇大惊失色。杨修说："从今夜的号令，便知道魏王很快就要退兵回去了，鸡肋者，吃着没有肉，丢了可惜。魏王进不能胜，退又害怕人笑话，在此没有好处，不如早归，明天魏王一定会下令班师回去的。"

当夜曹操心乱，不能入睡。见军士收拾行装。曹操大惊，我没有下达撤军命令，谁竟如此大胆，做撤军的准备？夏侯惇道出原委，曹操大怒，说："你怎敢造谣乱我军心！"不由分说，叫来刀斧手将杨修推出去斩了。

俗话说，"是金子总会发光"，如果自己是真正的聪明人，就不要总是在别人面前随便地"卖弄"。那样，不但使自己的聪明变得"廉价"，有时还会给自己惹来不必要的麻烦。

要小聪明的人头上都悬着一把"达摩克利斯之剑"，这把剑随时会落到聪明者的头上，斩下其头颅，那是一种极其危险的游戏。每个人都想表现得很聪明，但如果一个人老要小聪明就成了一种愚蠢。

苏轼在《洗儿》里说："人皆养子望聪明，我被聪明误一生。"意思是以为自己很聪明去愚弄别人或不踏踏实实地做事靠小聪明应付，结果只能是搬起石头砸自己的脚，聪明反被聪明误。

2.难得糊涂

对于“糊涂”，季羡林有自己的认识。在季羡林眼中，糊涂有真假之分——“假糊涂”很“难得”。绝大多数争名争利的人都是“真糊涂”，他们每每尝到一点甜头就忘乎所以，每每碰到一个小钉子便哀叹不已。

季羡林认为忘事糊涂有好处，毕竟我们活着的地方不是天堂，人生在世的痛苦大过乐趣，所以很多事都要“想得开”——“如果不能‘忘’，那么痛苦就会时时刻刻都新鲜生动。”

郑板桥在山东任职时，一次游览莱州的去峰山，本想观赏其山中郑文公碑，但因盘桓已晚，便借宿于山中一茅屋。茅屋主人是一儒雅老翁，自称“糊涂老人”。

主人家中陈列一方桌般大小的砚台，石质细腻、镂刻精良。郑板桥大开眼界，赞叹不已。次日晨，老人请郑板桥题字：以便刻于砚背。郑板桥即兴题写了“难得糊涂”四个字，后面盖上“康熙秀才、雍正举人、乾隆进士”方印。因砚台大，尚有余地，板桥就请老人写上一段跋语。

老人提笔写道：“得美石难，得顽石尤难，由美石转入顽石更难。美于中，顽于外，藏野人之庐，不入富贵门也。”老人用的一块方印，字为“院试第一、乡试第二、殿试第三”。郑板桥见之大惊，方知老人是一位隐居于此的高官。由于感慨于“糊涂老人”的命名，板桥又提笔补写道：“聪明难，糊涂难，由聪明而转入糊涂更难。放一著，退一步，当下心安，非图后来福报也。”两人如遇知音，相见恨晚，遂谈文说词，畅谈人生，结为挚友。

糊涂的内涵其实就是“贵在理解”。人们相聚在一起，因为年龄、文化水平、个人修养、脾气、家庭与生活环境的不同，对一些事物的认识也会有所差别，这些都是正常现象，无需过分自扰。其实，我们在理解他人的同时，不仅避免了不必要的冲突和矛盾，更是一种心灵上的自我释放、自我解脱。

有人问李泽楷："你父亲教了你一些怎样成功赚钱的秘诀吗？"李泽楷说："赚钱的方法他父亲什么也没有教，只教了他一些为人的道理。"李嘉诚曾经这样跟李泽楷说，与别人合作，假如拿七分合理，八分也可以，那么李家拿六分就可以了。

李嘉诚的意思是，他吃亏可以争取更多人愿意与自己合作。想想看，虽然他只拿了六分，但现在多了一百个合作人，他现在能拿多少个六分？假如拿八分的话，一百个人会变成五个人，结果是亏是赚就显而易见了。

李嘉诚一生与很多人进行过或长期或短期的合作。合作结束的时候，他总是愿意自己少分一点钱。如果生意做得不理想，他就什么也不要了，宁愿吃亏。这是种风度，是种气量，也正是这种风度和气量，才有人乐于与他合作，他的生意也就越做越大。所以，李嘉诚的成功得力于他恰到好处的处世经验。

北宋吕端幼时聪明好学，成年后风度翩翩，对于家庭琐碎小事毫不在意，心胸豁达，乐善好施。一次，吕端奉太祖赵匡胤之命，乘船出使高丽。突然海上狂风大起，巨浪滔天，飓风吹断了船上的桅杆，船上其他人十分害怕，吕端却毫无惧色，仍然十分平静地在那里看书。

在宋太宗赵光义时期，吕端被任命为协助丞相管理朝政的参知政事。老臣赵普推荐吕端时，曾对宋太宗说："吕端不管得到奖赏还是受到挫折，都能够十分冷静地处理政务，是辅佐朝廷难得的人才。"

宋太宗听后，便有意提拔吕端做丞相。有的大臣认为吕端"平时没有什么机敏之处"，太宗却认为"吕端大事不糊涂"。

最终，吕端成为宋太宗的宰相。在处理军国大事时，吕端充分体现出机敏、果敢的才能，每当朝廷大臣遇难事难以决策时，吕端常常能较圆满地解决问题。

不久太宗驾崩，李皇后与内侍王继恩等密谋废太子，“吕端知有变”，立即将王继恩拘禁起来，辅佐宋真宗即位，挫败了李皇后等人的阴谋。

懂得装傻的人，并非是傻瓜，而是大智若愚。做人切忌恃才自傲，得理不饶人。锋芒太露易遭嫉恨，更容易树敌。古往今来，功高震主不知使多少下属巨子招致杀身之祸。

在人际交往中，装傻可以为人遮羞，自找台阶；可以故作不知达成幽默，反唇相讥；可以假痴不癫，迷惑对手。而且必须有很好的演技，“疯”得恰到好处。谁不能领会大智若愚之神韵，谁就是真正的傻瓜、笨蛋。

俗话说得好“人无完人”。每个人都有自己的缺点和不足，在人与人的交往中，如果我们总是睁大眼睛，就像两眼球是显微镜似地观察、计较别人的缺点和不足，那么，我们永远不会满意对方，甚至会嫌弃、厌恶对方，直至失去朋友，甚至亲人。如果我们闭上一只眼睛，以一份宽容的心看待别人的缺点和不足，生活也许会变得幸福多了。

3.“世故”亦是人生必修课

季羡林说：“在许多人心目中，我是一个怪人，对人呆板冷漠，但是，真正了解我的人却给我送了一个绰号：‘铁皮暖瓶’，外面冰冷而内心极热。我自己觉得，这个比喻道出了一部分真理。但是，我现在已届望九之年，我走过阳关大道，也走过独木小桥，天使和撒旦都对我垂青过。一生磨炼，已把我磨成了一个‘世故老人’，于必要时，我能够运用一个世故老人的禅定之力，把自己的感情控制住。”

季羡林的这种“世故”是假世故，不是圆滑，而是圆融。人们渴望自己早一些成熟起来，可往往又无法分清成熟与世故的界限，最后只能陷于世故的泥潭。成熟与世故格格不入，成熟是真正的“心机”，世故则是已腐烂的“心机”。成熟在于不较真，懂得变通。

曹操在征讨张绣途中，下了一道命令，将士经过麦田时，不得践踏庄家，否则一律斩首。一日，曹操正骑马前行，一只斑鸠突然从麦田之中飞了出来，曹操的马受到惊吓跑到了麦田中，踏坏一大片正在生长的麦子。

曹操立即叫来了行军主簿，要求对自己进行军法处置，主簿显得十分为难，曹操却说：“我自己已经下达了禁令，然而自己却违反了，如果不做处罚的话，又怎么能服众呢？”他立即抽出随身佩剑要自刎，左右随从急忙解救。

这时，谋士郭嘉急引《春秋》“法不加于尊”为其开脱。曹操便顺水推舟，说既《春秋》有“法不加于尊”之义，“吾姑免死”，过了一会儿，还是拿起了佩剑割下了自己的一束头发，丢在地上对下部说：“割发权代首。”随后叫手下将头发传士三军，将士们看后，便更加敬畏自己的统帅。从此，军队中再也没有出现过不执行命令的现象。

曹操“割发代首”，不仅保全了自己的性命，同时也达到了“杀鸡给猴看”的目的。这正是其善于变通的表现。

《红楼梦》中有句至理名言：世事洞察皆学问，人情练达即文章。如果不想处处碰壁，就必须懂一点世故，不该较真的时候不要较真。

孔子东游，走累了，肚子又饿，随后看到一酒家。

孔子吩咐一个弟子去向老板要点吃的，这个弟子走到酒家跟老板说:“我是孔子的学生,我们和老师走累了,又很饿,您给点吃的吧。”

老板说:“既然你是孔子的弟子,我写个字,如果你认识的话,随便吃。”于是,老板写了个“真”字,孔子的弟子想都没想就说:“这个字太简单了,‘真’字谁不认识啊,这是个真字。”

老板大笑:“连这个字都不认识还冒充孔子的学生。”吩咐伙计将之赶出了酒家。

孔子看到弟子两手空空垂头丧气地回来,问后得知原委,就亲自去酒家,对老板说:“我是孔子,走累了,想要点吃的。”

老板说,既然你说你是孔子,那么我写个字如果你认识,你们随便吃。

于是又写了个“真”字,孔子看了看,说这个字念“直八”,老板大笑:“果然是孔子,你们随便吃。”弟子不服,问孔子:“这明明是‘真’嘛,为什么念‘直八’?”

孔子说:“这是个认不得‘真’的时代,你非要认‘真’,焉不碰壁?处世之道,你还得学啊。”

水随器而圆,人随水则变通。什么不可阻挡?变通不可阻挡!什么是无敌的?变通是无敌的!世界上最善于变通的东西应该是水。

水是什么?诗人说:水是音乐,泉水叮咚,沁人心脾;科学家说:水是无色无味的液体;农民说:水是庄稼不可缺少的东西;防汛指挥部的人说:水是洪水猛兽;军事家说:水是百万雄师,可以淹七军。

如果我们像水那样随着客观情况的变化而变化,该聪明时就聪明,该糊涂时就糊涂,该行动时就行动,该停止时就停止,那么,我们遇到再难的问题也会迎刃而解。

做人如果太真太直,就容易碰钉子,给自己前进的路平添许多阻力。当不涉及底线时,适当圆融一些,让别人走起来更方便,自己的路也会变得更顺畅。

4.送礼也有大学问

对于送礼，季羡林说："事情当然是好事情，而且想起来极合乎人情，一点也不复杂；然而实际上却复杂艰深到万分，几乎可以独立成一门学问：送礼学。第一，你先要知道送应节的东西。譬如你过年的时候，提了几瓶子汽水，一床凉席去送人，这不是故意开玩笑吗？还有五月节送月饼，八月节送粽子，最少也让人觉得你是外行。第二，你还要是一个好的心理学家，能观察出对方的心情和爱好来。"

此外，季羡林说："除了很知己的以外，多半不是自己去送，这与面子有关系；于是就要派听差，而这个听差又必须是个好的外交家，机警、坚忍、善于说话，还要有一副厚脸皮，这样才能不辱使命。拿了东西去送礼，论理说该到处受欢迎，但实际上却不然。受礼者多半喜欢节外生枝，东西虽然极合心意，却偏不立刻收下。据说这也与面子有关系。听差把礼物送进去，要沉住气在外面等。一会儿，对方的听差出来了，把送去的礼物又提出来，说：'我们老爷太太谢谢某老爷太太，盛意我们领了，礼物不敢当。'倘若这听差真信了这话，提了东西就回家来，这一定糟，说不定就打破饭碗。但外交家的听差却绝不这样做。他仍然站着不走，请求对方的听差再把礼物提进去。这样往来斗争许久，对方或全收下，或只收下一半，只要与临来时老爷太太的密令不冲突，就可以安然地接了赏钱回来了。"

季羡林讲了一个他曾经历过的故事。

我小的时候，我们街上住着一个穷人，大家都喊他"地方"，有学问的人说，这就等于汉朝的亭长。

每逢过年过节的早上，我们的大门刚一开，就会看到他笑嘻嘻地一手提了一只鸡，一手提了两瓶酒，跨进大门来。鸡"咯咯"地大吵大嚷，酒瓶上的红签红得眩目。他嘴里却喊着："给老爷太太送礼来了。"

于是，我婶母就立刻拿出几毛钱来交给老妈子送出去。这"地方"接了钱，并不像一般送礼的一样，还要努力斗争，却仍旧提了鸡和瓶子笑嘻嘻地走到另一家喊去了。这景象我一年至少见三次，后来也就不以为奇了。

但有一年的某一个节日的清晨，却见这位"地方"愁容满面地跨进我们的大门，嘴里不喊"给老爷太太送礼来了"，却拉了我们的老妈子交头接耳说了一大篇，后来终于放声大骂起来，老妈子进去告诉了我婶母，仍然是拿了几毛钱送出来。这"地方"道了声谢，出了大门，老远还听到他的骂声。

后来老妈子告诉我，他的鸡是自己养了预备下蛋的，每逢过年过节，就暂且委屈它一下，被缚了双足倒提着陪他出来逛大街。玻璃瓶子里装的只是水，外面红签是向铺子里借用的。"地方"送礼，在我们那里谁都知道他的用意，所以从来没有收的。他跑过一天，衣袋塞满了钞票才回来，把瓶子里的水倒出来，把鸡放开。它在一整天"陪绑"之余，还忘不了替他下一个蛋。

但今年这"地方"倒运，向第一家送礼，就遇到一家才搬来的外省人。他们竟老实不客气地把礼物收下了。这怎能不让这"地方"愤愤不平呢？他并不是怕瓶子里的凉水给他泄露真相，最心痛的还是那只鸡。

《礼记·曲礼》上说："礼尚往来，往而不来，非礼也；来而不往，亦非礼也。"这正是中国人对礼认识的真实写照。

在现实生活中，婆媳之间、母子之间、师生之间、同事之间、邻里之间，正常相处和情感交流的方式很多，如果增加一点点礼品赠送的色彩，不但会使双方关系更加融洽，也会使收礼物之人更加愉快。

相传孙膑为学习兵法，十八岁离开家乡到千里之外的云蒙山拜鬼谷子为师，一去十二年，既没回家，也没给家写封信。有一年的五月初五，孙膑猛然想到：今天是老母八十岁生日，乌鸦十八日反哺母娘，羊羔吃奶跪乳，禽兽还知恩达礼，我却有十二年没报母亲的养育之恩。于是，他向师父请假回家看望母亲。

鬼谷子摘下一个桃送给孙膑说："这桃我是不轻易送人的，你在外学艺未能报母恩，我送给你一个带回去给令堂上寿。"孙膑谢别师父就上路了。

这天孙膑的家里正大摆酒宴为老母亲庆寿。全家人劝慰母亲时，孙膑回来了。他从怀里捧出师父送的桃送给母亲说："今日告假回来，师父送我一个桃孝敬母亲"。老母亲接过桃吃了一口说："这桃比冰糖蜂蜜还甜。"桃还没吃完，母亲的容颜就变了，以前雪白的头发变成了如墨的青丝，昏老的双眼变得明亮了，掉了的牙又长了出来，脸上的皱纹也不见了，走路也不用拐杖了。

虽说送礼有好处，不过也要分场合。

探病送礼。花或小小的盆景为宜，但是，送鲜花是十分有讲究的，有些花并不适于送给病人。一般来说，下列花卉是不错的选择：玫瑰、康乃馨、满天星、百合、天堂鸟，等等。

结婚送礼。作为参加喜宴的朋友，应事先选购一份礼物前往，如送99朵玫瑰代表"天长地久"，或送具有纪念价值的金贺卡及结婚蛋糕，向新郎新娘表示感激之情和祝福之心。

祝寿送礼。祝寿其实是庆贺生日。在给长辈祝寿时，"礼数"稍多一些。给长辈祝寿，除了衣服要讲究之外，最好带有一份含有健康长寿意义的物品。给同辈朋友过生日，则不必拘于形式，送礼品最容易。

习俗送礼。一般说来，对家贫者，以实惠为佳；对富裕者，以精巧为佳；对恋人、爱人，以纪念性为佳；对朋友，以趣味性为佳；对老人，以实用为佳；对孩子，以启智新颖为佳；对外宾，以特色为佳。

5.假糊涂是灾难

季羡林在《难得糊涂》一文中,对假糊涂进行过解释:

楚辞所谓“举世皆浊我独清,众人皆醉我独醒。”所谓“醉”,就是我说的糊涂。

世界上有郑板桥这样的人,虽然人数极少极少,但毕竟是有的。他们为天地留了点正气。郑板桥考中了进士,据清代的一本笔记上说,由于他的书法不是台阁体,没能点上翰林,只能外放当一名知县,“七品官耳”。他在山东潍县做了一任县太爷,又偏有同情心,同情小民疾苦,有在潍县衙斋里所作的诗为证。结果是上官逼,同僚挤,他忍受不了,只好丢掉乌纱帽,到扬州当八怪去了。他倒霉就倒在世人皆醉而他独醒,也就是世人皆真糊涂而他必须装糊涂,假糊涂。

我的结论是:假糊涂才真难得。

一个世纪的时间有多长？巴金老人用温暖的目光娓娓道来。

一个世纪的跌宕就如同一本历史书。这本史书厚重而无悔。激流中总有像鲁迅那般执拗逆流的勇夫站出来，他们把链子从身上拽下来,用一生的气力砸进那条融浸着血泪的河流,有的激起回声,更多的则是无声无息。

一个世纪以前是一个黑暗遍地的时代,这一点是谁都承认的。生活在那个世界里的人是和我们从一个模子里铸出来的人民，从秦王朝惨绝人寰的活坑尸冢里爬出来的人民，从清政府九族不赦的文字狱里解放出来的人民,从甲午冲天蔽日的炮火中挣扎出来的人民。上帝轮转出一个不是人间的人间。而自由和反抗在历史中是一个从来不会过时的话题。

于是，就像宿命一样，鲁迅放下了自己的解剖刀。是不是他明白了这终究不是属于自己的东西，才过于沉重呢？在跋涉的路上，他是孤单的。阴险的对手躲在黑暗里妄想把他和他的执着片甲不留地打回去。

狂人是寂寞的，周遭满是要暗害他的凶手，自己却无助。世人皆醉他独醒，他注定超凡地活在时代的逆流里。清醒是一种难能可贵，也是一种罪，一种没人理解的痛苦。

同时，阿Q也是寂寞的，除了世人对他的蔑笑，只有他是自己的精神领袖；孔乙己是寂寞的，所面对的只有一片片的奚落，却没有哪怕一个人愿意站着看他写出茴字的四种写法。鲁迅先生像是故意用残忍的笔锋写下这样无知的寂寞，是自己站在镜子前羞愧的折射，还是领悟，故作糊涂。

当一阵充满呐喊的罡风鞭过他的面庞，他的身边不会是孤单的；当他凝视自己充满墨和泪的文稿，也一定希望它们能留下来让我们看到。在那样一种时代氛围下，鲁迅的所失，所望，所求，所怨，成就了属于那个时代的青春性格：坦坦荡荡。

《史记·屈原贾生列传》中说：“举世混浊，何不随其流而扬其波？众人皆醉，何不哺其糟而啜其醨。”众人皆醉而自己独醒的伟人，一生注定凄凉，但其终会受到万世敬仰。

如果世人皆阿谀奉承，精于算计，那世界会是什么样的呢？

独醒者的一生，无论是其遗留下的作品，还是他们的实际行动，都证明他们的选择是如此的坚决、果断、正确。这无疑是自我独立意识的充分觉悟与呈露，完全是一种理性的情感抉择，而绝非一时的冲动，更不是迷信的盲从。

分析到此，也就不难理解，中国人对那些独醒者的爱戴为什么如此之深了！进而也就能够理解，他们就对人性的弱点，有如此深刻的洞察，对于世间落后的观念形态，有如此清晰的批判性思维。这令人不得不叹服。

屈原被放逐之后，沿着水边边走边唱，脸色憔悴，形体容貌枯槁。渔父看到屈原便问他说："您不就是三闾大夫吗？为什么会落到这种地步？"

屈原说："世上全都肮脏只有我干净，个个都醉了唯独我清醒，因此被放逐。"

渔父说："通达事理的人对客观时势不拘泥执着，而能随着世道变化而推移。既然世上的人都肮脏龌龊，您为什么不也使那泥水将自己弄得更浑浊呢？既然个个都沉醉不醒，您为什么不也跟着吃那酒糟喝那酒汁？为什么您偏要忧国忧民行为超出一般而与众不同，使自己遭到被放逐的下场呢？"

屈原说："我听过这种说法：刚洗头的人一定要弹去帽子上的尘土，刚洗澡的人一定要抖净衣服上的泥灰。哪里能让洁白的身体去接触污浊的外物？我宁愿投身湘水，葬身在江中鱼鳖的肚子里，哪里能让玉一般的东西去蒙受世俗尘埃的沾染呢？"

渔父微微一笑，拍打着船板离屈原而去。口中唱道："沧浪水清啊，可用来洗我的帽缨；沧浪水浊啊，可用来洗我的双足。"

真正清醒的人是具备大智慧的，是孤独的，痛苦的。因为"世人皆醉我独醒"注定只有少数人才能做到，不被人理解也是一种失落。千金易得、知己难求，没有人沟通交流对于智者是遗憾的，故也就有了曹操青梅煮酒论英雄的典故，明知道是大敌，但终究没杀刘备。也许这就是英雄惜英雄吧。

人很难总是清醒，唐宗宋祖还有犯错误的时候，何况常人。人偶尔不清醒一次，可以原谅，但一辈子或者长时间都如此，那注定其将会碌碌无为。

人在冷静的时候最清醒，因此，任何时候都要记住不要在愤怒、恐惧、得意忘形的时候做决定，因为那个时候的我们不清醒。

没有从容就难有清醒，生活中遇到一点事情就大乱方寸的人，是称不上清醒的。很多时候，我们自认为是清醒的，其实不然。有时候，我们把清醒忘在了角落里，出门的时候也忘记带出来。

第十五课

苦不入心,生命自芳华

1.牢骚不宜太盛

季羡林说:“我想来想去,觉得还是毛泽东的两句诗好:‘牢骚太盛防肠断,风物常宜放眼量。’”

有些牢骚是正常的,有没有人不发牢骚呢?有。第一种是刚刚生下来的婴儿,不会说话,不会思考。第二种是已经死了的人,两眼一闭,四大皆空。

发一点牢骚还是有一定的积极意义的,它是一种比较原始的“保护性措施”。但是牢骚太多、太盛,对事情不会有任何改变,也意味着一个人适应社会方式低劣和无能。

有位农夫,划着小船,给另一个村子的居民运送自家的农产品。

那天的天气酷热难耐,农夫汗流浃背,心急火燎地划着小船,希望赶紧完成运送任务,以便在天黑之前返回家中。

突然，农夫发现前面有一只小船，沿河而下，迎面向自己快速驶来。

眼看两只船就要撞上了，但那只船并没有丝毫避让的意思，似乎是有意要撞翻农夫的小船。

“让开，快点让开！你这个白痴！”农夫大声地向对面的船吼叫道，“你再不让开就要撞上我了”！

但农夫的吼叫完全没用，尽管农夫手忙脚乱地企图让开水道，但为时已晚，那只船还是重重地撞上了他的船。

农夫被激怒了，厉声斥责道：“你会不会驾船，这么宽的河面，你竟然撞到了我的船上！”

当农夫怒目审视对方的小船时，他吃惊地发现，小船上空无一人。听他大呼小叫、厉声斥骂的只是一只挣脱了绳索、顺河漂流的空船。

牢骚的情绪色彩是消极的，因为它只是在人遇到挫折时所产生的一种不满情绪，是一个人心理上感到无可奈何、力不从心时的一种复杂的情感表现。它会使一个人的心理蒙上一层灰色的情绪色彩，而且当一个人在经受到重大的挫折时，太盛的牢骚往往会强化他非理性的心态，使其行为向非理性的方向发展。

如果一个人到处发牢骚，到处宣泄自己的不满，到处诉说自己的不幸，人们会越来越认为他是一个无能的人，一个只考虑个人得失的“小人”，会对他那种唠唠叨叨发牢骚的方式越来越感到不耐烦，甚至变着法躲他。而他自己呢？尽管会感到人们对他态度所发生的“变化”，却永远无法理解这种“变化”的原因。

另外，牢骚总是有具体的对象，可能是领导，或是周围的同事与邻居，抑或是自己的家里人。当自己的牢骚太多时，往往会不拘时间、场合、地点进行发泄，将矛头指向“不满的对象”，一旦有人将在发牢骚时的话传到“对象”的耳里时，便会激化矛盾，使问题更加复杂化。

一个年轻儿子和年老的父亲一起住在一个美国的村庄里。老人开着一家小店。每当有以牢骚满腹、喋喋不休而出名的顾客来到老人的小店时，他总是不管儿子在做什么都会把儿子拉到身边，神秘兮兮地说："儿子，来，进来！"当然，儿子都是很听话地进去。

老人就会问顾客："今天怎么样啊，托马斯？"

那人就会长叹一声："不怎么样。今天不怎么样。你看看，这夏天，这大热天，我讨厌它，噢，简直是烦透了。它可把我折腾得够呛。我受不了这热天，真要命。"

老人抱着胳膊，淡漠地站着，低声地嘟囔："唔，嗯哼，嗯哼。"，同时向儿子眨眨眼，确信这些抱怨唠叨都灌到儿子耳朵里去了。

又有一次，一个牢骚满腹的人抱怨道："犁地这活儿让我烦透了。尘土飞扬真糟心，骡子也犟脾气不听使唤，真是一点也不听话，要命透了。我再也干不下去了。我的腿脚，还有我的手，酸痛酸痛的，眼睛也迷了，鼻子也呛了，我再也受不了了！"

这时候老人还是抱着胳膊，淡淡地站着，咕哝道："唔，嗯哼，嗯哼。"，同时看着儿子，点点头。

这些牢骚满腹的家伙一出店门，老人便对他的儿子说："儿子，你听到这些人如此这般地抱怨唠叨了吗？你听到了吗？"儿子点点头。老人会接着说："儿子，每个夜晚都有一些人酣然入眠，但却一睡不起。看那些与世永诀的人，温柔乡中不觉暖和的被窝已成为冰冷的灵柩，羊毛毯已成为裹尸布，他们再也不可能为糟天气或倔骡子去抱怨唠叨上5分钟或10分钟了。记着，儿子，要是你对什么事不满意，那就设法去改变它。如果改变不了，那就换种态度去对待，千万不要抱怨唠叨。"

陈毅有诗云："应知天地宽，何处无风云。应知山水远，到处有不平。"不平是常有的，而牢骚只是一种低级的适应社会的方式。鲁迅说："用笑脸来迎接悲惨的厄运，用百倍的勇气来应付一切和不幸。"鲁迅这样说，也这样做了。

在多数情况下，当人们责难、怒吼的时候，那一切都将是徒劳，于事无补。其实，面对障碍，我们最应该做的是自己采取措施，及早调整，而不是抱怨。很多时候，往往是我们让自己撞上了障碍。与其抱怨，不如改变。

2.纵浪大化中，不喜亦不惧

季羡林非常喜欢这样一首诗：纵浪大化中，不喜亦不惧；应尽便须尽，无复独多虑。没有数十年的人生坎坷便不能很好地去理解它。

在留学德国的十年中，正是法西斯统治最黑暗时期，饥饿和战争时刻威胁着季羡林的生命，他牵挂着家里的亲人和遥远的祖国，他还通过宣告无国籍的方式来表达对卖国行为的不齿和愤怒。但他也看到了德国人民的善良和优秀。

他和他的房东情同母子，和德国少女依依相恋，又和自己的德国老师有如父子。这一段人生经历，既有黑暗与光明的交织，又有爱与恨的双重历练。于是世事便不再那么可怕，人生或许也不再那么苦楚。

《牛棚杂忆》中的另外十年是季羡林从身体到思想上的炼狱。“自杀未遂”使他又活了一次，或已经死了一次。

当从“文化大革命”的噩梦中醒来时，他做到任凭世事变化，而自己“宠辱不惊”。诚如散文名篇《二月兰》所描述：“宅旁，篱下，林中，山头，土坡，湖边，只要有空隙的地方，都是一团紫气，间以白雾，小花开得淋漓尽致，气势非凡，紫气直冲云霄，连宇宙都仿佛变成了紫色的了。”“花们好像没有什么悲欢离合。应该开时，它们就开；该消失时，它们就消失。它们是‘纵浪大化’中，一切顺其自然，自己无所谓什么悲喜。”但这并不是消极和自我放逐，就像“人吃饭是为了活着，但活着不是为了吃饭”一样，二月兰装扮宇宙、寂寞开放不也正是一种承担、奉献和牺牲吗？

世事变幻，祸福无常，当遇到一些意外的突发事件时，能否处变不惊，不喜亦不惧呢？

红楼梦中，林黛玉与史湘云都父母双亡，寄居在别人的家中。

林黛玉为了花开花落而泪雨纷飞，并且为花埋香冢。一曲葬花吟写的凄美伤感，这是黛玉将自己的人生感悟、情感投射到那些没有情感的花上。

而史湘云就显得比黛玉要洒脱旷达得多。“湘云醉卧花丛里”，那些花瓣同样也是飘落，在湘云看来这不过是自然现象，用不着悲伤。相同的际遇，有人在顾影自怜，有人却在展示不一样的潇洒。人的境遇无法自己决定，当不好的境遇不期而来时，不妨自然一些，潇洒一些，困境可能也就迎刃而解了。

有位禅师每天晚上都要去荒岛上的洞穴坐禅。

有几个爱捣乱的年轻人便藏在他的必经之路上，等到禅师过来的时候，一个人从树上把手垂下来，扣在禅师的头上。

年轻人原以为禅师必定吓得魂飞魄散，哪知禅师任年轻人扣住自己的头，静静地站立不动。年轻人反而吓了一跳，急忙将手缩回，此时，禅师又若无其事地离去了。

第二天，他们几个一起到云居禅师那儿去，向禅师问道：“大师，听说附近经常闹鬼，有这回事吗？”

禅师说：“没有的事！”几人又问：“是吗？我们听说有人在晚上走路的

时候被魔鬼按住了头。”禅师回答:“那不是什么魔鬼,而是村里的年轻人!”几人有些心虚,问:“为什么这样说呢?”禅师答道:“因为魔鬼没有那么宽厚暖和的手啊!”

禅师紧接着说:“临阵不惧生死,是将军之勇;进山不惧虎狼,是猎人之勇;入水不惧蛟龙,是渔人之勇;和尚的勇是什么?就是一个字:‘悟’。连生死都已经超脱,怎么还会有恐惧感呢?”

有些人遇到稍微大一些的事,就战战兢兢,不能理智地看待自己所面临的事,所面临的自己。莎士比亚曾说:“假使我们自己将自己比做泥土,那就真要成为别人践踏的东西了。”困难面前不是输给了困难,而是输给了自己的心。

古人说“安静则治,暴疾则乱”。如果心里先晃了,那么行动必然要乱。只有冷静沉着,才有可能思考出对策,转危为安。我们的心灵本来很清静安定,只因为被外界事物迷惑困扰,如同明镜蒙尘,于是迷失了生活的方向。

人生的航行,并非一帆风顺,有风平浪静,也有大浪滔天。风平浪静时,不喜形于色,风吹浪打时,自岿然不动。只有这样,人生的大船,才能顺利地驶向成功的彼岸。

3.平实生活,静水流深

季羡林在《寻梦》一文中写道:“夜里梦到母亲,我哭着醒来。醒来再想捉住这梦的时候,梦却早不知道飞到什么地方去了。”当在梦里见到母亲时："天哪！连一个清清楚楚的梦都不给我吗？我怅望灰天，在泪光里，幻出母亲的面影。"

季羡林用他的行动，让我们感受到平实自然，不虚伪，不做作，像《寻梦》这篇文章一样。

有来访者问禅师："何时是你最高兴的时候？"

回答："每当我有新收获的时候。"

又问："那么，什么是你最痛苦的时候？"

回答："一无所得。"

再问："你是如何对待高兴与痛苦的呢？"

回答："高兴时，我会节制自己，痛苦时，自己挠痒自己笑。"

来访者不解。

禅师解释道："高兴与痛苦，人皆有之，在高兴的时候，能心平气和地欣赏它，而在痛苦的时候，又能平平静静地回味它。我不承认高兴与痛苦有什么不同，其实，它们是一样的。

人，由于没有开悟，许多痛苦由此产生，一旦了解了生命的意义，事物就没有太多的区别。因为，高兴与痛苦都是生命的组成部分。宽窄都是路，前后皆为空，只有一部分一部分地加起来，那才叫完整的人生，才是真正的生活。"

语言诚恳和蔼，不欺骗，不虚伪。与人相处真诚友善，不趾高气扬，不高高在上。生活不求奢华，不攀高比富。生活得简单朴实，烦恼自然就会很少。

什么人的日子过得最好呢？就是吃饭吃得香、睡觉睡得香的人。如果饭菜吃到口里却不觉得香，去再奢华的饭店又有什么用？如果躺在床上睡不着，有再好的床又有什么用？人活在世间，生活过得简单朴实，走到哪里都能睡，走到哪里都能吃，这样的人是最容易满足的，也容易获得美满的人生。

几十年来，巴菲特的财富呈几何数级增长，但是他的生活模式并没有因此而改变多少。巴菲特一家仍然居住在50年前买下的一间朴素的房子里。

有一个同行问他："沃伦，成为一个亿万富翁感觉如何？"巴菲特回答："我想要的东西都能用钱买到，但是没成为亿万富翁之前我也是如此。"旁人所醉心的一切——名车、油画、豪宅——对他来说毫无意义。金钱对他而言只是他最喜爱的运动的记分牌。

有朋友提到，一年夏天巴菲特全家去加利福尼亚圣西米恩的赫斯特庄园旅游，导游喋喋不休地向他们历数赫斯特为各样物件所花费的巨资——窗帘啦、地毯啦、古玩啦，等等。巴菲特脱口而出："别告诉我们他是怎么花钱的，给我们讲讲他是怎么赚钱的吧！"

有一次，巴菲特出席一个名流绅士参加的聚餐，出版商马尔科姆·福布斯带来了一瓶号称价格不菲的葡萄酒。而巴菲特是个严格的戒酒主义者。当侍者给他斟酒的时候，他把手放在酒杯上说："不用了，谢谢，我还是要现金吧。"

有一次，他从纽约的广场饭店给朋友杰里·奥兰斯打电话："你能帮我带6听百事可乐吗？你简直不能相信这里的饭店服务有多贵！"

到今天为止，巴菲特没有任何的艺术品收藏或者是时髦的汽车。他的办公室从外观上看起来也就像一个生意还不错的牙医诊所。在他的心目中，一顿像样的午餐指的就是坐在办公桌边吃一份大号汉堡包加薯条。

出家人穷，叫"贫僧"，出门只有三衣一钵，其他什么都没有，可是照样过得坦荡荡。生活要靠我们的内心与精神力量来过，不是靠外在的物质来装点。

钱财地位是用来妆点我们的生活，而不是扰乱我们生活的。但很多人已经颠倒了，人成了财物的奴隶，成了守财奴，人的身心状况完全被奴化了。

埃尔米尔·德·霍里是上世纪的一名画家，有独特的天赋和才华，却因经济的困扰和自己性格的弱点，终于陷进了制造假画的泥淖。虽然也曾一时暴富，但他时时行骗，终日惶惶不安，并终究难逃败露的结局。最为可惜的是，他再也画不出真正属于自己的作品了。

人的生活原本就是简单，朴实，自然的。我们有多大的本事就过怎样的生活。无论在哪里都自然平和，即使粗布衣衫也不会觉得很寒酸。

4.凡所难求皆绝好，及能如愿便平常

季羡林说："记得有两句诗：'凡所难求皆绝好，及能如愿便平常'。我现在深深地认识到在朴素语言中蕴含的真理。我现在确实如愿了，但是心情平常到连平常的感觉都没有了。现在是2000年1月1日，同1999年12月31日，除了多一天以外，绝没有任何不同的地方。早晨太阳从东方升起，到了晚上，仍然会在西方落下。"

在一场婚礼上，司仪拿出一张百元钞票问在场所有人，谁想要请举手，大家认为是司仪想出来整人的花招吧，没人说话。司仪说："我说真的，想要的请举手。"

终于有人举手，接着越来越多的人举手。司仪看了看大家，换了一张旧的百元钞票，举手的人明显少了许多。司仪笑了笑又换了张皱巴巴的有点破损的旧百元钞票，现场举手的人寥寥无几了。司仪请了一位小男孩上台，并把那张旧钞票放在他的手里，说："因为他一直举着手。"下面的人哄堂大笑，小男孩的脸有些发红。司仪摆摆手示意大家安静，拿出那张新的百元钞票说："我这张新的跟你那张旧的换换，可以吗？"小男孩

说:“不用了,谢谢叔叔,新的旧的都一样。”

司仪点点头,让小男孩拿着钱下去了,司仪让新郎新娘手拉手走上台,说:“再美丽的容颜,总有老去的一天。再浪漫的爱情,也会随着生活的变化而改变。就如同手中的这张钞票,随着时间会慢慢变皱、变旧。但是也像小男孩说的,新的旧的都是一百元。它的价值不会因为上面的皱褶而改变。不要等到容颜老去的时候,就忘记了刚才亲口说出的爱你一生一世的誓言,请你们珍惜对方一辈子。”

新人对望了一下,深深地点点头。台下爆发出了热烈的掌声。

甜蜜的日子,来自于双方的珍惜。只想带给对方欢乐的心,所以在我们的生命中,只要得到一个人的欣赏,一个人的关注,一个人的温柔,一个人的真心真情,一个人的眼泪就足够了!牵了手就不要分手。一辈子说长也不长,不过转眼而已。

在生活中有些夫妻,还没有结婚之前,一天不见对方,就如隔三秋、相思入骨,好像失去了如意宝般身心不安。但婚后几年,就像不共戴天的怨敌,整天无休止地吵吵闹闹,甚至大打出手,一方只要不在眼前出现,另一方就如释重负,感觉非常轻松舒服。

为什么会变得厌烦了呢?原因是没有用心去珍惜对方的爱。我们要珍惜身边的人。

一个事业有成的年轻人,正值壮盛之年,却被黑白无常带到阴曹地府。

“为什么这么早就把我抓来?”他愤恨不平地问阎王。

“你的时辰到了啊!根据黑白无常提的报告书中这样写着:浑浑噩噩,四肢无力,满脸愁容,健康不佳,压力沉重,疲倦难耐,更惨的是——欲望横流。”阎王淡淡地说。

年轻人听了说:“怎么可能?我一直很健康啊!你怎么不给我一点警觉?”

阎王这下火大了，他说："怎么没有？我至少提醒你三次了！"

"第一次，我让你变得很疲倦，早上醒来，头昏脑涨，满眼昏花，像没有醒来一样；第二次，我使你饿了痛，饱了也痛，胃肠痛得不得了；第三次，我让你全身都酸痛。但是你一点也不在意，完全不好好爱惜身体，我只好派人把你抓回来了。"

年轻人一听，自己果然有过这些症状，只是没放在心上。于是，他叹了一口气说："唉！都是我只顾事业，不好好珍惜自己，只好认命了！"

阎王感叹地说："基本上我只收一种人，就是阳寿尽了的人，但现在却多了一种——不爱自己的人，可叹的是，第二种人越来越多了。"

大多数人终其一生，都在不停地渴望，不停地追求，不停地夺取，总是想着自己没有的东西并为之苦恼却不知道珍惜手边的幸福，到头来一无所有，什么也没得到！

赤条条地来到人间，是上苍赋予了我们生命、亲友、感情以及思想，等等。上苍待我们何等丰厚？使我们拥有那么多，占有那么多。可是我们却从来没有满足过，依然在乞求上苍降下更多的"甘霖"。贪婪的本性又让我们套上了另外一把枷锁，正如世界上不是缺少美，而是缺少发现一样，我们不是缺少幸福，而是缺少珍惜。

5.人生不该空吃后悔药，徒唤奈何

季羡林曾在《新年抒怀》中写道：按世俗算法，从今天起，我已经达到83岁的高龄了。我虽然不爱出游，但也到过30个国家，应该说是见多识广。在国内将近半个世纪，经历过峰回路转，经历过柳暗花明，快乐与苦难并列，顺利与打击杂陈。我脑袋里的回忆太多了，眼前的工作又是头绪万端。在精神上和身体上的负担太重了，我真的有点承受不住了。我真想休息一下了。

心情是心情，活还是要活下去的。自己身后的道路越来越长，眼前的道路越来越短，因此前面剩下的这短短的道路，更弥足珍贵。每一天每一个小时都是可贵的，我希望真正能够仔仔细细地过，认认真真地过，细细品味每一分钟每一秒钟，万不要等到以后再感到"当时只道是寻常"，空吃后悔药，徒唤奈何。

我希望尽上自己最大的努力，使我的老朋友、小朋友、我的年轻学生、我的家人，都能得到愉快。我也绝不会忘掉自己的祖国，只要我能为她做到的事，一定竭尽全力去做。只有这样，我心里才能获得宁静，才能获得安慰。"这一出戏就要煞戏了"，它愿意什么时候煞，就什么时候煞吧。

曾经有一家机构对全国30至40岁之间的中年人进行一次问卷调查：你最后悔的是什么，你现在后悔做了什么？问卷列出了十项人们生活中容易后悔的事情，供被调查者进行选择。

该机构对收回的有效问卷进行统计后，得出了这样的统计结果：

你最后悔的是什么，70%的人后悔自己在青年时努力不够，以致事业到现在都没有太多起色，甚至有人觉得这个人生活得很失败，自己已经一锤定音了。

你现在后悔做了什么，65%的人觉得自己已经很难去改变。不过也想去学习，但是已经耐不住自己的性子，很难静下心来学些东西。也想再加强一些专业技能的训练，但是不去训练的理由特别多。

有些人过着朝九晚五的日子，得意于自己已有的安稳生活。但有些人正经历着拼搏、起伏，五年后，旧友相聚，感慨良多。我们常常在所谓的安稳日子中消磨自己的大好时光，而不太愿意去面对那些具有挑战性的机会，埋没了潜力。

现在，大多数年轻人不知道自己将来会不会后悔。他们有一种大众的生活态度，别人学习他也学习，别人工作他也工作，别人娱乐他也娱乐。自然的，别人得到什么，他也不可能得到更多。

要想将来不后悔，就需要付出别人不愿意付出的代价，尤其是在年轻的时候。趁着还有时间、有精力、有体力去努力的时候，制定一个切实的计划，然后百折不挠地按照这个计划去一步步推进，终究能够成功。

有一日，年轻人来找禅师诉苦。他说："大学毕业时，在南方一家大公司当老总的老乡请他过去一起发展，但我上的是师范大学，也喜欢教师这个职业。"于是，他回到家乡，在县城当了一名教师。后来又有一位县领导看中了他的文笔，要调他到县政府当秘书，年轻人又婉言谢绝了。结果，年轻人在校园里安定了下来，没几年开始学会了应付工作。

"有一个比我晚两届的校友，一毕业就去了珠海，如今已是一家公司的副总经理，上次回来送给弟弟一件礼物，你猜是什么？一辆桑塔纳轿车！那派头，咱见了只有上吊的份。再说我们学校这几年改行的那几位，顶不济的也是个副局长，干得最好的已经是副县长了！"年轻人如数家珍地说着那些成功者，说到自己，他的神情就越来越黯淡："你看我现在还在这所学校，住着30多平方米的老房子，拿着几百元的工资，至今还是个普通教员，唉，窝囊透了！"他一脸的沮丧。

年轻人又说，假如他当初去了南方会如何如何，假如他后来改行从政又能如何如何。

看着年轻人陶醉在重新设计的美好"过去"中，禅师叹惜着年轻人的转变，静静地听着，中间没说一句话。最后，他说："人生如下棋，已经走过的部分，不论对错，都已既成事实，得意也罢，后悔也罢，都已无济于事，关键要看下一步怎么走。一旦选定了下一步，就要落子无悔，义无反顾，否则人生这盘“棋”可就输定了。

年轻人大悟。

有人说，人的一生有三天：昨天、今天和明天。是的，今天不努力，明天就会嗟叹：要是当初再努力些就更好了。可人类永远发明不出的两种药品，一是忘情水，一是后悔丹。年轻的时候不去努力，待到年老时，后悔已经来不及。曲曲折折的道路上，认认真真做事总会有收获。

为了将来不后悔，现在就要找到努力的动力。一个人只有一个能永远让自己获得动力和幸福的源头，有一个支撑自己整个生活和全部灵魂的支点，才能让你获得生活的勇气和动力，让你透过生活的平淡甚至痛苦，看到生活的美好。找准这个支点，便足以让你在困惑中，或从艰辛困苦中品味出生活的意义。

取舍，人生总是在岔路口上徘徊

1.君子爱财取之有道

季羡林朴素一生，常有人看到他穿着一身洗旧了的卡其布中山装走在校园中。季羡林对财富看得很淡，当然季羡林自己也说，自己也不是视钱财如粪土的人。君子爱财取之有道，临财不可苟得。

古时有一个名叫林绩的人，在蔡守旅馆住宿，躺下感觉床席下面有东西，掀开一看，发现一个布袋，里面装满了几百颗珍珠。第二天，他询问旅店主人，前天晚上什么人住在这里。主人告诉他是一个富商。林绩对店主人说："他是我的老朋友，如果他再来，希望您让他到上庠找我。"说完，又把自己的名字用纸写在房子里，同时写上了年月日，便离开了。

富商到了京城，要拿出珍珠来卖，发现已经没有了，急忙沿着来路寻找。到达蔡守旅舍后，知道了林绩的留言，便赶到上庠。林绩把珍珠全部交给了富商,富商要和他平分珍珠。富商说:“这是我所愿意的。”林绩不接受,说:“假使我想得到这些珍珠,前一段时间就已经归我所有了。”

“君子爱财,取之有道”做人不仅要拾金不昧,还有钱必须来得正。东汉太守杨震,部下故人夜怀十金来行贿,被他严词拒绝。部下故人却说:“暮夜无人知晓。”杨震回答:“天知、神知、我知、子知,何谓无知?”不义之财不取,不当之财不得。赚钱时心里干净,花钱时心里才能清静,才对得住自己的良知。

人对事物的第一个反应就应该是知道什么是对的,什么是错的。明代大哲学家王守仁的弟子有天夜里捉到一个小偷,便对小偷说人要讲“良知”。那小偷呵呵笑了:“请问,我的良知在哪里?”当时是夏天,王守仁的弟子让小偷把外衣脱掉,随后又让他把内衣脱掉,小偷都照办了。接下来,他让小偷把裤子也脱掉,小偷有些犹豫,说:“这恐怕不妥吧。”王守仁的弟子便对小偷说:“这便是你的良知!”良知是什么?良知就是人来自于直觉的认识。明知是错的还要去做,就是不讲良知的表现。

叶澄衷早年是一名穷汉,靠在黄浦江上摇木船卖食品和日用杂货为生。

一天中午,一位洋人雇叶澄衷的小船从小东门摆渡到浦东杨家渡。那洋人可能心中有事,船刚靠岸便匆忙离去。洋人离去后,叶澄衷发现舢板上有一个公文包。他打开一看,包内不仅有数千元美金,还有钻石戒指、手表、支票本。叶澄衷从来都没有见过这么多的钱和这么多值钱的东西!然而,他没有像见钱眼开的人那样感到惊喜,以为自己这下来了财运,而是想到丢了包的洋人该不知会怎样着急。于是,他哪儿也不去,就在原处等候那位洋人。

直到傍晚，那位洋人才满脸沮丧地来到这里，在寻找了大半天之后，他已经对公文包失而复得不抱多大希望，但他万万没有想到的是，自己的包竟然会在舢板上，更没有想到这个中国船工还一直在等着自己。

洋人打开自己的包，见原物丝毫未动，不禁大为感动。真没想到一个中国苦力竟有如此品德，对外来之财毫不动心。洋人立即抽出一把美元塞到叶的手中，以示谢意。谁知叶澄衷拒不肯收，开船就要离去。这位洋人见状，又立即跳上小船，让叶送他到外滩。船一靠岸，洋人就把他拉到了自己的公司。原来，这位洋人是一家五金公司的老板，见叶澄衷为人厚道，心中十分佩服，便想与叶澄衷合伙做生意。这一回，叶澄衷愉快地答应了。

从此，叶澄衷走上了经商之路，在日后的经营中，他一如既往地秉承"君子爱财，取之有道"的原则，赢得了消费者的信赖，成为远近闻名的"五金大王"。

《大学》中说：财富，只要有德行，它就自然会聚集到你身边来。德是本，财是末，财不聚集，是可耻的事，聚集后不知散财，也是可耻的事。有的人不明此理，所以往往不择手段聚财，最后东窗事发锒铛入狱，最终也未和财神爷结缘。

有人说，金钱这东西真是莫名其妙，它并不跟着人的感觉走，即使腰缠万贯，如果不觉得自己幸福，那就是不幸福的人。反过来说，即便分文没有，假如感觉自己很幸福，那就是幸福的人。因此，人们大可不必为聚财而不择手段，最后落下一个骗子、奸商的丑名。做人既要聚财，更要聚德。

2.选择决定人生

季羡林所取得的成就,与其早年的选择是分不开的。季羡林宁可吃不饱,也要做学问。留学期间,他生活窘迫,用最便宜的饭菜充饥。有人劝他在大学外找一些兼职来做,这样就可以大大缓解经济上的压力了。

没想到他苦笑着摇摇头说道:“我做兼职打工的确可以让自己的生活过得舒服一些,但是我的祖国现在贫弱异常,她需要的是我们这些学子更快更多地学到能让国家富强的技术和知识。不去打工,只是我自己遭受磨难,却能尽快地学到更多有用的知识,从而尽早地回国效力。”

他几乎把除了吃饭、睡觉、上厕所之外的所有时间都用在了钻研学问上,这些良好的知识储备为他后来成为国学大师奠定了坚实的基础。

人生无处不是选择,选择适合自己的才是最重要的。

著名学者、北大教授胡适一生得过35个博士学位。照说他应该是智慧一流,可是他当初到美国留学时,却被三十多种苹果树难倒,因而改行。

胡适初到美国留学时,最先进入纽约州康奈尔大学的农学院学习。在那里学生必须实习各项农事,包括洗马、套车、驾车等,还要到玉米田里干活。胡适对这些还能应付,可是到了苹果分类时,却犯了难。三十多种苹果,对这些农家出身的学生来说,二三十分钟就可分门别类,弄得一清二楚;而胡适花了两个半小时,费了九牛二虎之力只分辨出了20种,这件事让他一筹莫展。

胡适被苹果难倒,自知不是学农的料子,便转学历史、文学。事实证明,胡适在文学领域可谓如鱼得水,将自身禀赋才能发挥得淋漓尽致,在文坛上占得一席之地。正如与胡适亦师亦友的顾颉刚、傅斯年对他的评价："这个人古书读的不多，但他那条路子是对的。"

美国诗人弗罗斯特在《未选择的路》中写道："黄色的树林里分出两条路，可惜我不能同时去涉足，我在那路口久久伫立，我向着那路口极目望去，直到它消失在丛林深处。"处在多元化的社会，我们时时面临着各种选择，不同的选择通向不同的未来，事关明天的幸福或者事业的发展，所以一定要慎重、理性。

那么，我们如何才能做出正确的选择呢？首先必须搞清自己具备什么资源，想要什么，喜欢什么，能做什么。要明白适合自己的才是最好的，盲目的选择只会对自己造成负面的影响，比如盲目就业可能使自己找不到满意的工作，盲目考研可能使自己考不上研究生也找不到满意的工作，盲目留学不仅投资得不到回报，还可能沦为"海待"的危险，盲目创业可能使自己"血本无归"。

成功七分靠努力，三分靠选择。我们不能选择自己的出身，不能选择自己的相貌，不能选择身边的环境。但我们可以选择自己的目标，选择自己的方向，选择自己的职业，选择自己做事的态度。《圣经》中说：我们今天的行动都在决定我们的未来，生活正是这样，有什么样的态度，就有什么样的选择，有什么样的选择就有什么样的行动，有什么样的行动就有什么样的生活。雄鹰选择蓝天，燕雀选择低檐，骏马选择疆场，井蛙选择水塘，不同的选择成就不同的事业，不同的事业成就不同的人生。

正如作家柳青所言："人的一生是漫长的，但关键时刻只有几步，尤其是年轻的时候。""不为五斗米折腰"是陶渊明的选择，"一蓑烟雨任平生"是苏轼的选择，"不破楼兰终不还"是王昌龄的选择，"安能摧眉折腰事权贵"是李白的选择……

在人生的岔路口，我们也必须明白"鱼和熊掌不可兼得"，在适当的时候慎重地做出有利于自己的选择。

3.放下需要勇气

季羡林不喜欢把时间放在交际应酬上，他爱静，好多时候都是房门紧闭。他在济南省立高中教书时，校长宋还吾对他的评价就是："羡林很安静。"这一句话就点出季羡林的拙于应酬，把精力放在精神上，而非物质上。而生活在充满各种诱惑的都市，又有多少人能够放下忙碌，放下应酬，去享受一份安静呢？

有位年轻人觉得自己的日子过得非常沉重，生活压力太大，想寻求解脱的方法，因此去向一位禅师求教。

禅师给他一个篓子，要他背在肩上，指着前方一条坎坷的石路说："当你向前走一步，就弯下腰来，捡一颗石子放到篓子里，然后看看会有什么感受。"

年轻人照着禅师的指示去做，等他背上篓子装满石头后，禅师问他："你一路走来有什么感受？"

年轻人回答说："感到越走越沉重。"

禅师说："每个人来到这个世上时，都背负着一个空篓子。我们每往前走一步，就会从这个世界上捡一样东西放进去，因此才会有越来越累的感觉。"

年轻人又问："有什么方法可以减轻负重呢？"

禅师反问他："你是否愿意将名声、财富、虚荣、权力等拿出来舍弃呢？"

那人答不出来。

禅师又说："每个人的篓子里所装的，都是自己从这个世上寻来的东西，但是你拾得太多，如果不放掉一些，生命将承受不起，现在你知道应丢下什么和留下什么了吗？"

年轻人反问禅师："这一路上，您又丢下了什么？留下了什么呢？"

禅师大笑："丢下身外之物，留下心灵之物。"

人在世上，无时无刻不受到来自外界的诱惑，一旦有了功名，就会对功名放不下；有了金钱，就会对金钱放不下；有了爱情，就会对爱情放不下；有了事业，就会对事业放不下。当得到的东西太多了，超过生命的承载力，这个时候，你该怎么办呢？留下什么？舍弃什么？

在印度的热带丛林里，人们用一种奇特的狩猎方法捕捉猴子：在一个固定的小木盒里面，装上猴子爱吃的坚果，盒子上开一个小口，刚好够猴子的前爪伸进去，猴子一旦抓住坚果，爪子就抽不出来了。人们常常用这种方法捉到猴子，因为猴子有一种习性，不肯放下已经到手的东西。人们总会嘲笑猴子的愚蠢：为什么不松开爪子放下坚果逃命呢？但并不是只有猴子才会犯这样的错误。

因为放不下到手的职务、待遇，有些人整天东奔西跑，耽误了更远大的前途；因为放不下诱人的钱财，有人费尽心思，利用各种机会去大捞一把，结果常常作茧自缚；因为放不下对权力的占有欲，有些人热衷于溜须拍马、行贿受贿，不惜丢掉人格的尊严，一旦事情败露，后悔莫及。

如果你把每一阶段的成败得失全都扛在肩上，那今后的路就没有办法走下去了。所以，你必须丢弃过去的一些东西，与过去说再见，跟往事干杯！

一个老农夫肩上挑着一根扁担信步而走，扁担上悬挂着一个盛满绿豆汤的壶。他不慎失足跌了一跤，壶掉落到地上摔得粉碎，这位农夫仍若无其事地继续往前走。

这时，有一个人急忙跑过来激动地对他说："你不知道壶破了吗？"

“我知道，”农夫不慌不忙地回答道，“我听到它掉落了。”

“那你怎么不转身，看看怎么办？”

“它已经破碎了，汤也流光了，你说我还能怎么样？”

心理学专家做过这样一个试验：取一张白纸，一支黑笔。在白纸上写下你生命中最重要的五样东西。尽可以天马行空地想象，只要把内心最珍贵的五样东西写出来就行，不必考虑顺序。

此刻，目不转睛地看着它们，这支集结而起的队伍，就是你生命中的挚爱。它们藏在你心底，是你最大的秘密。也许在今天之前，你并没有认真地思考和珍惜过它们，但从这一刻开始，你知道了什么是维系生命的理由。

接下来，你要在这最宝贵的五样东西中舍去一样。注意，你要用黑墨水，将这样东西毫不留情地涂掉，或者用刀子将它剜掉，直到它在洁白的纸上成为一个墨斑或黑洞，再也无法辨识。

然后，你的纸上剩下了四样宝贵的东西。此刻，生活又发生了重大变故，你必须再放下一样。

现在白纸上还有三个选项了。但是，你又遇到了险恶，又要放下一样。

最后，你的生活滑到了前所未有的低谷，你必须做出一生中最艰难的选择。你只能留下一样，其余全部放弃。到此，你的纸上剩下的最后一样东西，就是你最宝贵的东西。

在这个试验中，你会发现舍弃是一件多么痛苦的事。但无论多么痛苦，你曾觉得一辈子都离不开的人和物，还是会一个个离你而去。与其被动地等待他们离去，不如鼓足勇气，直面真相，学会放下。

4.适合的，才是最好的

季羡林认为，人与人之间是有天资差别的，所面临的机遇也是有差别的。不能片面地定义自己要怎么去选择才能成功，因为那经不起现实的考量。其实，在岔路口的选择，适合的，才是最好的。

汉光武帝建立东汉王朝以后，请了一个大学问家班彪整理西汉的历史。班彪有两个儿子名叫班固、班超，一个女儿叫班昭，他们从小都跟父亲学习文学和历史。

班彪死后，汉明帝叫班固做兰台令史，继续完成他父亲所编写的历史书籍，即《汉书》(一部记载西汉历史的书)。班超跟着他哥哥做抄写工作。哥俩都很有学问，可是性情不一样。班固喜欢研究百家学说，专心致志写他的《汉书》。班超可不愿意老伏在案头写东西。他听到匈奴不断侵扰边疆，掠夺居民的财物，就扔了笔，气愤地说："大丈夫应当像张骞那样到塞外去立功，怎么能老死在书房里呢。"

班超"投笔从戎"之后，随大将军窦固出兵攻打匈奴。他作战勇敢、屡立战功、足智多谋，最终威镇西域各国，重新打通了丝绸之路，成为我国历史上为促进中西经济文化交流做出杰出贡献的英雄，万古流芳。

物物各异，事事不同，薰衣草在北方长势良好，但不宜到南方种植；荔枝在南方生长旺盛，移植到北方就会死掉。莫泊桑说："人生从来不像意想中那么好，也不像意想中那么坏。"是的，这个世界上的万事万物没有绝对，只有相对。

如果一个人所从事的事业一直没有成功的希望，那就不必再浪费时间了，不要再无畏地消耗自己的力量，而应该再去寻找另一片沃土。当然，在你重新确定目标、改变航向之前，一定要经过慎重的考虑，尤其不可三心二意，不可以既要抱着这个又想要那个。

一天，弟子和禅师一起在田里插秧，可是弟子插的秧总是歪歪扭扭，而禅师却插得整整齐齐，就像是用尺子量过一样。

弟子感到很疑惑，就问禅师："师父，你是怎么把禾苗插得那么直的？"

禅师笑着说："其实很简单。你们在插秧的时候，眼睛要盯着一个东西，这样就能插直了。"

于是，弟子卷起裤管，高高兴兴地插完了一排秧苗，可是这次插的秧苗，竟成了一道弯曲的弧线。

这是怎么回事呢？弟子很是不解。于是，禅师问弟子道："你是否盯住了一样东西？"

"是呀，我盯住了那边吃草的水牛，那可是一个大目标啊！"弟子答道。

禅师笑着说："水牛边吃草边走，而你在插秧苗时也跟着水牛移动，这怎么能插直呢？"

弟子恍然大悟。这次，他选定了远处的一棵大树。插完一看，插的秧果然都很直。

鞋，不一定要漂亮、奢华，只要自己穿着合脚，那就是最好的。又如婚姻，又如爱情，在别人眼里，可能并不值得羡慕，或许还有可能是不可思议的，但如果自己感觉幸福，那就是幸福。

我们常常羡慕名人，总觉自己太过平凡，事实上，名人自有名人的烦恼，凡人自有凡人的自在和洒脱。居闹市可以开怀大笑，居山风可以纵情一吼，这种凡人的自由随性，何尝不是深居简出的名人所羡慕和企盼的呢？

有些时候，我们总是选择原本不适合自己的路行走，结果自然是碰得头破血流，即使经过努力到达了一个终点，回头望望，仍是一脸迷茫，因为那个过程并非是自己当初想要的，那个终点也并非自己想象的那样美好。

把自己摆在一个合适的位置，选择适合自己的生存与生活的方式，即使不会大红大紫、大富大贵，只要心是快乐的，那就是最好的。

5.当机立断，不必瞻前顾后

季羡林在《季羡林自传》中写道："我于1930年入清华时，留美预备学堂和国学研究院都已不在，清华改成了国立清华大学。当时的清华大学的西洋文学系，在全国各大学中是响当当的名牌。原因据说是由于外国教授多，讲课当然都用英文，连中国教授讲课有时也用英文！只是这一条就能够发聋振聩，于是就名满天下了。我当时未始不在被振发之列，又同我那虚无缥缈的出国梦联系起来，我就当机立断，选了西洋文学系。"

古人云："激水之疾，至于漂石者，势也。"速度决定了石头能否在水上漂起来。大家一定还记得儿时在河边用石头打水漂，石头之所以在水面上连续跳跃而不沉下去，就是因为我们给了它足够的速度。恩科CEO钱伯斯有一句名言说："这个世界不是大鱼吃小鱼了，而是快鱼吃慢鱼。"可见，速度有时是取胜的关键。

有位科学家对沙漠地区生存的梭梭树进行研究。

广袤的沙漠上，生活着一种普通的植物——梭梭。它们被誉为“沙漠梅花”和“沙漠卫士”，是我国荒漠区最重要的植被类型，也是亚洲荒漠区分布面积最大的一类植被。

沙漠地区环境十分恶劣，要想立足其中，困难自然不小。但是，梭梭树做到了。作为灌木植物，它们虽然一般只有三四米高，外形也不出众，可是梭梭树顽强挺立，迎风顶沙，给沙漠带来了生机和活力，成为沙漠独特的景观，也成了戈壁沙漠最优良的防风固沙植被之一。

经过研究发现，梭梭的种子是世界上发芽时间最短的种子，只要遇上雨水，短短的两三个小时之内它就能萌发新的生命。

相比之下，即使是发芽时间比较快的稻谷、花生等农作物，发芽时间也需要三四天，要是椰树的种子，发芽则要两年多。而梭梭的种子，面对干旱异常的天气，面对恶劣的自然环境，只要雨水一来，它们就在几小时内迅速生根发芽，快速地生长繁殖，蔓延成片。

这样快捷的速度，着实让人吃惊。可见，它们才是沙漠中的王者。

与赢家通吃理论一样，“速度就是生命”几乎被奉为信息时代的“质量守恒定律”。所以，我们在做决定时，绝不能优柔寡断，想好了，就要当机立断，果断行动。

金利来公司成立不久，行业经济不景气，各大百货公司都纷纷减少进货，逼迫领带行情跌落，许多厂家都采用大降价的手法急于将领带出手。一时间，香港市场上领带价格雪崩，厂商纷纷叫苦不迭。曾宪梓权衡利弊，果断地决定走后一步棋。

他利用市场疲软的机会，廉价租来了各大百货公司的柜台，派人去设专柜推销自己的产品。他利用对手进货减少，品种不齐全之机，增加花色品种，提高领带质量，而价格一分也不降，从而给人一种货真价实，铁价不二的印象。这样一来，金利来的身价增加了，经济危机过后，金利来更是成为名牌产品的象征，市场份额不降反升。

对自己的未来，对所从事的职业，我们都会有许多想法。但却常常由于迟迟没有付诸行动，结果多少光阴过去，想法终是无法实现。等老去的那一天，发现曾经因为缺乏当机立断的决心，已经错过了最好的机会，那会让人无比难受与悲伤。

有一位知名的哲学家，天生具有一股特殊的文人气质，不知迷死了多少女人。一天，一个女子来敲他的门，说："让我做你的太太吧！错过我，你将再也找不到比我更爱你的女人了！"

哲学家虽然很中意她，但仍回答说："让我考虑考虑！"

事后，哲学家用他一贯研究学问的精神，将结婚和不结婚的好坏分别列下来，但他发现好坏均等，真不知该如何抉择？

于是，他陷入长期的苦恼之中，无论他又找出了什么新的理由，都只是徒增选择的困难。

最后，他得出一个结论——人若在面临抉择而无法取舍的时候，应该选择自己尚未经历过的那一个。不结婚的处境我是清楚的，但结婚会是个怎样的情况，我还不知道。

对！我该答应那个女人的请求。

哲学家来到女人的家中，问女人的父亲说："你的女儿呢？请你告诉她，我考虑清楚了，我决定娶她为妻！"

女人的父亲冷漠地回答："你来晚了十年，我女儿现在已经是三个孩子的妈妈了！"

哲学家听了，整个人几乎崩溃，他万万没有想到，向来自以为傲的哲学头脑，最后换来的竟然是一场悔恨。

美国有一家著名的管理公司——麦克金赛，曾经对颇有管理成效的

37家公司进行过一番调查，结果表明，公司获得成功要有8个条件，其中最重要的一条就是——行动要果断。

的确如此，如果自己犹豫不决，模棱两可，就很难得到其他人的全力支持。因为只有自己坚定，才能使别人坚定。

一生中，没有人会为你等待，没有机遇会为你停留，成功也需要速度。及时抓住机会，不断进取，不停拼搏，才有可能创造成功。如果按部就班、谨小慎微，在应该行动时坐等机会溜走，就会时时落后、事事落后。要知道，光说不做，只想不行动，既不能增加成功的砝码，也无法增加人生的能量。

当然，果断不是草率，更不是鲁莽。草率和鲁莽是愚昧无知和粗心大意的伴生物，而果断则是对信息做了充分加工分析，才做出迅速准确的反应，是“短、平、快”式的深思熟虑，草率和鲁莽与果断是格格不入的。人生有时如战场，惊心动魄，需要当机立断。

6.给自己一片悬崖

季羡林认为，人只有在压力之下，才能获得更大的动力。当自己置身于悬崖时，自己要么彻底成为扶不起的阿斗，要么让自己脱胎换骨，更进一层。

有位年轻人刚到美国的时候，为了寻到一份能够糊口的工作，他骑着一辆自行车沿着公路走了数月，替人放羊、割草、收庄稼、剪草坪、洗碗。只要给一口饭吃，他就暂且停下酸胀的脚步。有一天，在一家餐馆打工的他看见一个招聘启事。

年轻人英语不地道，专业不对口，但他还是决定去应聘。通过自己的不懈努力，他过五关斩六将，眼看就要得到那年薪三万五的职务时，不想招聘主管却出人意料地问道："你有车吗？你会开车吗？我们这份工作要时常外出，没有车寸步难行。"

为了争取这份极具诱惑的工作，他不假思索地回答："有！会！""四天后，开着你的车来上班。"主管说。四天之内要买车、学车谈何容易，但为了生存，他豁出去了。他在华人朋友那里借了些钱，从旧车市场买了一辆外表丑陋的"甲壳虫"。第一天，他跟华人朋友学简单的驾驶技术；第二天，自己在屋后的大块草坪上摸索练习；第三天，他歪歪斜斜地开着车上了公路；第四天，他居然驾车去公司报了到，现在他已是这个公司的业务经理。

如果你不逼自己一把，根本不知道自己有多优秀。你所能做的事情，往往都会超出自己的想象。

乔治·格什温是个作曲家，可他从来没有写过交响曲，而当时美国最著名的斯坎德爵士乐团的著名指挥家，却对他十分赏识，邀请他为交响乐团写一部交响曲。但是，固执的格什温声称自己对交响乐一窍不通，不肯从命。

没想到这位指挥家竟然在报纸上刊登了一则广告，说20天后，音乐厅将上演格什温的交响乐《蓝色狂想曲》。格什温看到广告，大惊失色，质问指挥家为何令他出丑，指挥家微笑着说："反正，全城人都知道了，你看着办吧。"格什温没办法，只好将自己关在屋子里，硬是用两周的时间，完成了这部作品。谁知首场演出竟大获成功，格什温的名气也迅速传遍美国。

给自己一片没有退路的悬崖，从某种意义上来说，是给自己一个向生命高地冲锋的机会。

有一个动物学家,发现了一个十分奇怪的现象。

小羚羊刚刚能够奔跑的时候,有时会遇到猎豹和狮子等天敌,那些成年的羚羊就会带着小羚羊逃跑。可是让这个动物学家感到不解的是,这些成年的羚羊选择逃命的方向大多是附近最陡峭、悬崖最多的地方。

每当逃到悬崖边的时候,这些成年的羚羊都会一跃而过,而这些小羚羊也会拼命地跃过悬崖,可是偶尔也有一些刚刚学会奔跑的小羚羊由于不能跃过悬崖而摔下去。这个动物学家经过多次统计,发现这些成年的羚羊遇到危险时,十次至少有八次都会选择向有悬崖的地方逃跑。为什么成年羚羊会选择悬崖多的地方呢?这些羚羊长期生活在这个地方,应该对这个地方很熟悉呀,为什么会给自己选择一片悬崖呢?

最后这个动物学家经过几个月的研究,终于渐渐找到了答案。当一只羚羊刚刚学会奔跑的时候,由于奔跑的强度不大,它的腹肌并没有被最大化地拉开,所以即使它拼命奔跑,步幅也不过三米左右。这些幼小的羚羊在狮子或猎豹的追逐下,当后无退路前面只有悬崖时,随着成年羚羊的一跃而过,它们最后也只能跟着跃过去。

可是并不是每只小羚羊都会成功地跃过去,幸运的小羚羊会跃过悬崖,跳到对面的山坡上,那些身躯过于庞大和沉重的猎豹、狮子则对此束手无策。而那些不幸的小羚羊则跌落在悬崖下。

小羚羊跃过悬崖后,它们的腹肌都有了不同程度的拉伤,但是在拉伤恢复后,它们奔跑的步幅明显有了很大的进步,差不多可以达到四米。以这样的速度奔跑起来,狮子和猎豹也往往是望尘莫及的。

生命就像一个容器,它的容积是事先确定好了的,容器里无意义的东西多了,有意义的东西就会相应减少。给自己一片悬崖,实际上就是要最大限度地减少平庸在生命里的容积,让人生的美丽充满我们的每个日子。

心理学家认为，人在一定的压力下，才能最大限度地开发自己的潜能。孟子说："生于忧患，死于安乐。"人只有在逆境中才能把压力变成动力，才能激发出自己更大的潜能与斗志。

给自己选择一片悬崖，把自己逼上绝境，才会最大限度地发挥自己的潜力，因为绝境是生命创造神话的最好温床。

有很多人不懂得这个简单的道理，他们整天庸庸碌碌、不思进取，给自己设计了太多的退路。在这些退路里，他们心甘情愿让自己的生命发霉、腐臭。他们的生活没有悬崖的威胁，但也永远没有翠绿的春色，更没有会当凌绝顶，一览众山小的机会。一个人要想让自己的人生有所突破，就应该把自己带到人生的悬崖边上，狠狠心逼自己一把，给自己一个更绚烂的未来。